城市化的区域生态环境效应与影响机制

陈卫平　侯　鹰　王振波 等　著

科 学 出 版 社
北　京

内 容 简 介

本书以中国东部典型城市化区域为研究对象，着重论述了城市化对区域生态环境的影响机制，主要包括以下内容：城市化的土壤生态环境效应，城市化区域的水环境效应，城市化的大气环境和热环境效应，城市化与区域生态环境协调发展机制。

本书可为从事城市生态学、环境科学、地理科学的教学人员、科技工作者、高校研究生提供参考。

审图号：京 S（2022）022 号

图书在版编目（CIP）数据

城市化的区域生态环境效应与影响机制/陈卫平等著. —北京：科学出版社，2023.3

ISBN 978-7-03-075129-4

Ⅰ. ①城… Ⅱ. ①陈… Ⅲ. ①区域生态环境—研究—中国 Ⅳ. ①X321.2

中国国家版本馆 CIP 数据核字(2023)第 043157 号

责任编辑：李秀伟 / 责任校对：胡小洁

责任印制：赵 博 / 封面设计：刘新新

科学出版社出版

北京东黄城根北街 16 号

邮政编码：100717

http://www.sciencep.com

北京建宏印刷有限公司印刷

科学出版社发行 各地新华书店经销

*

2023 年 3 月第 一 版 开本：720×1000 1/16

2025 年 1 月第三次印刷 印张：8 3/4

字数：176 000

定价：128.00 元

(如有印装质量问题，我社负责调换)

前　　言

城市化是指人口与社会经济活动在空间上集聚、乡村地区转变为城市地区的过程。中国作为世界上人口最多的发展中国家，近40年社会经济快速发展，城市化水平不断提高。1978～2020年，城镇常住人口从1.72亿人增加到9.02亿人，城镇化率从17.9%提升到63.9%，城市数量从193个增加到687个。

快速、大规模的城市化进程极大地促进了我国社会经济发展，同时也给城市及其周边区域带来一系列的生态环境问题。目前我国城市面临的生态环境问题主要有：城市空间扩张失控、生态空间被挤占；水资源过度开发导致的湿地丧失与河流断流问题严重；污染排放量大，环境污染严重；城市局地气候调节、水文调节、生物多样性维持等生态功能退化。城市人居环境恶化、人与自然关系失衡，已成为我国城市与区域可持续发展面临的重大挑战。

然而，城市化对区域生态环境的影响长期被城市决策者和管理者忽视，将城市与区域作为一个相互关联的整体，研究城市化的区域生态环境效应及影响机制对于实现城市和区域社会经济与生态环境的协同发展具有重要意义。已有的研究多涉及区域和单类型城市的城市化过程与生态环境单要素的关系。从多学科、多城市、多要素、多尺度等系统角度，深入剖析典型城市和城市群地区的城市化对区域生态环境系统的影响及相互联系，是未来研究的趋势。

本书针对城市化带来的区域生态环境问题，以东部典型城市化区域的土壤、水体、大气、热环境等生态环境要素为对象，将野外调查、定点观测、遥感解译、实验分析、模型模拟相结合，解析城市化对区域土壤环境质量及其生态功能的影响，阐明不同空间尺度下城市化对水环境、大气环境、热环境的影响机制，揭示城市化与区域生态环境协同演变格局与影响因素，为我国东部和其他城市化区域生态环境管理与调控提供科学依据。

本书第1章由陈卫平、侯鹰撰稿；第2章由陈卫平、谢天、彭驰、王美娥、杨阳撰稿；第3章由刘文、刘长峰、侯鹰撰稿；第4章由王振波、高镇撰稿；第5章由王振波、梁龙武、李嘉欣撰稿。全书由陈卫平、侯鹰统稿，宋啸凡、宋喆禄和余思洁也参与了整理和编辑工作。

本书的研究工作得到了国家重点研发计划课题（2017YFC0505702）、国家自然科学基金项目（41741017、41771181）、中国科学院前沿科学重点研究项目（QYZDB-SSW-DQC034）的资助，以及城市与区域生态国家重点实验室的支持。

由于作者水平有限，本书不足之处在所难免，敬请读者批评指正。

作　者

2022 年 11 月

目 录

1 绪　论

1.1 城市化对区域生态环境影响的概述

在全球城市化的背景下，世界城市人口不断增加，城市规模持续扩张。全球城市人口总数已经由1950年的7.5亿上升至2021年的44.5亿，城市人口比例已达到56.5%。与欧美发达国家相比，我国城市化起步时间较晚。自20世纪70年代改革开放以来，我国逐步加快了城市化的步伐，并长期保持高速的发展态势，截至2016年，我国城市化率达到57.35%（吕永龙等，2018）。随着城市化进程的加快，我国大中型城市的数目迅速增加，已形成京津冀城市群、长江三角洲城市群、珠江三角洲城市群、长江中游城市群、成渝城市群5个国家级的大城市群。城市化过程涉及地理、经济、人口和社会4个方面，包括城镇用地不断扩张、农业经济转变为非农业经济、农村人口转变为城镇人口及农村生活方式转变为城镇生活方式（金丹和戴林琳，2021）。城市化是国家和地区经济社会发展的必然过程，对促进经济增长和提高人民生活水平具有重要意义（宫倩楠等，2020）。

城市化在推动社会经济快速发展的同时，也造成了诸多区域生态环境问题。城市化过程最明显的特征是城镇用地的扩张，这导致了原本森林、草地、农田等自然和半自然生态系统的面积下降，同时也使得原有景观破碎化，进而导致城市化区域生态系统的水循环过程发生巨大变化（Lee and Bang，2000）。城市化过程对区域水环境的影响主要体现在两个方面：一是不透水地表的扩张导致地表径流明显增加，这直接导致了区域地下水补给量的减少，并且增加了洪涝发生的可能性（Suter II，1990）；二是城市化过程中建筑用地使用的材料和社会经济活动成为面源污染源，污染物会随降雨产生的径流汇入区域下游的地表水体中，造成灌溉用水、饮用水污染或水体富营养化（Dauphin et al.，1998）。此外，城市化区域河湖水文过程改变和水体污染进一步导致水生态系统健康的下降和水生生物多样性的降低。

城市土壤是城市生态系统中重要的组成部分之一，发挥着重要的生态系统服务功能。然而在快速城市化的过程中，城市土壤受到人类活动的强烈干扰，人类活动导致城市中原始的土地覆被类型不断被工业建筑用地及人工景观取代，自然土壤被硬化地表逐渐封实，土壤物理、化学性质发生改变，土壤退化不断加剧，重金属和多环芳烃等污染日益加重。此外，城市土壤退化导致土壤动物生态特征与行为模式发生变化，城市景观格局与土地利用类型的变化强烈影响了土壤动物的栖息地，给土壤动物的生存与生物多样性带来潜在威胁，同时，城市化过程改变了土壤微生物群落组成与功能特征，影响了城市土壤维持植物生长、土壤自然消减能力及碳储存功能等重要的生态系统服务功能（谢天等，2019）。

伴随人口快速增长和产业集聚，城市机动车保有量大增，能源大量集中消耗，加上工业排放和建筑扬尘等因素，使得面源和点源空气污染物大量排放，但污染物脱除技术和设施滞后，导致城市和城市群区域大气污染日趋严重。我国中东部大部分城市化区域甚至成为受高浓度细颗粒物（全年）和高浓度臭氧（夏秋季节）影响的典型“双高”型污染区域（王跃思等，2013）。此外，城市化带来的人工地表大幅扩张和人为热排放的增加，改变了区域原有的热平衡，使得城市的气温高于周边郊区或农村地区，产生城市热岛效应（Grimmond，2007），导致城市区域在夏季面临更为严重的热环境风险、公共健康风险和经济损失（Estrada et al.，2017；Laaidi et al.，2012）。

1.2 城市化的区域生态环境效应及影响机制研究现状

自20世纪末以来，全球范围内对城市土壤的关注逐渐增多。当前针对城市土壤生态环境问题的研究主要集中在城市各类人为排放的污染物在土壤中的累积特征及生态和健康风险（McIlwaine et al.，2017）。全球各地的学者对不同国家不同城市的土壤重金属含量进行了较为全面和系统的调查研究，发现城市土壤的重金属含量通常远高于周边区域和背景值（Manta et al.，2002）。国内学者对我国不同区域不同程度的土壤重金属污染展开了较为系统的分析。从全国整体的重金属污染状况来看，我国经济发达地区，尤其是珠江三角洲及东北老工业基地等典型的城市区域土壤污染相对严重（李玉文等，2011；马瑾等，2004），这表明了城市的发展进程直接或间接导致了当地土壤的重金属污染。已有研究表明，人类活动与工业生产产生大量的多环芳烃最终会通过大气沉降累积到城市土壤中（He et al.，2009）。因此，城市人口密度高的地区和多环芳烃排放源附近的土壤多环芳烃浓度更高（Jensen et al.，2007）。土地利用类型决定着源的类型和周围环境，也对土壤多环芳烃累积产生影响。此外，土壤有机质可以抑制多环芳烃的挥发、降解和淋溶（Yu et al.，2006）。不同组分的多环芳烃（PAHs）具有不同的化学性质，也会影响到其归趋和在土壤中的累积（Wang et al.，2007）。作为城市土壤生态系统最为重要的功能之一，土壤的自然消减能力对城市环境的保护及城市居民健康起到了积极的作用（Rittmann，2004）。已有的研究提出基于生态过程的土壤生态功能评价指标体系，构建了包括土壤物理、化学和微生物指标的土壤生态服务功能指标评价体系（van Wijnen et al.，2012），但对城市土壤自然消减能力的研究仍十分有限，城市化强度对土壤自然消减能力的影响机理尚不清晰。

国外对城市化过程的水环境效应研究早期多关注土地利用方式对水质的影响，后逐渐转移到研究土地利用方式对城市地表径流污染特征及其长期土地利用变化对非点源污染负荷的影响等方面。国内对城市化的水环境效应研究起步较晚，学者大都参考国外污染负荷模型，对大城市的城区非点源污染进行监测和模拟，并分析其性质（王晓燕等，2004；Yin et al.，2005）。此外，已有研究多基于水质长期监测数据和长时间序列的城市不透水地表变化的动态分析，以不透水地表作为地表覆被参数，通过模型模拟方法，探讨不透水地表变化对研究区域水文水质的影响（Mejía and Moglen，2009），常用的模型有 SWMM（storm water management model）、L-THIA（long-term hydrologic impact assessment）、HSPF（hydrologic simulation program-fortran）和 SWAT（soil and water assessment tool）（Engel et al.，2015）。随着城市内涝的频发，暴雨径流调控等方面的研究被重新重视起来。尽管有大量的水文模型用于降雨径流模拟研究，但是复杂水文模型的应用往往需要较多的参数。一些研究采用径流系数和 SCS 曲线方法估算城市径流带来很大的误差，没有对城市水文过程的水量平衡进行定量分析，相关的研究结果很难应用到城市规划与雨洪管理决策和实践中。另外，绿色基础设施消减径流的效果被广泛研究，但是由于缺乏有效的绿色基础设施的设计和评估工具，真正将这些雨洪管理策略付诸工程实践的步伐却很慢。例如，SWMM 等模型对地形、汇水区划分和排水管网汇水的计算导致模型较为复杂，模型开发应用需要专业的分析技能，超出了一般公众的能力，使得规划管理者对模型的操作应用存在困难，而且复杂的模型掩盖了对水文机制的定量刻画（Elliott and Trowsdale，2007）。

大量研究表明空气细颗粒物（$PM_{2.5}$）对人体健康危害巨大，近年来成为国内外关注的焦点。在 $PM_{2.5}$ 特征和性质方面，已有研究主要分析了化学特征、空间集聚性、空间变异性及雾霾污染期间人体可吸入的微生物等（熊欢欢等，2017；Sun et al.，2006；Pinto et al.，2004）。在影响因素方面，已有研究表明空气 $PM_{2.5}$ 浓度的经济社会影响因素主要有人均 GDP 和城市化率、人口密度和公共交通运输强度及能源消耗（杨冕和王银，2017；Wang and Fang，2016），自然地理影响因素主要有气压，温度，相对湿度，风速，降水量，日照时数及 SO_2、NO_2、CO、O_3 浓度等（贺祥和林振山，2017）。此外，已有研究使用的方法主要有灰色关联模型、地理探测器、土地利用回归、主成分分析、混合回归及空间计量等模型（王振波等，2019）。防控建议方面，主要提出了分层跨区多向联动的大气污染治理模式、多元主体协同治理体系、多方承担雾霾治理成本的经济补偿机制，以及气象科学与技术提升等（刘华军和雷名雨，2018；王振波等，2017）。

城市扩张通常伴随着自然地表或植被转化为人工覆盖地表，这一过程通常被视为大多数城市产生热岛效应越来越严重的主要原因（Hu et al.，2017）。Cao 等（2018）的研究表明随着人工地表的快速扩张，夏季气温升温的速度也显著上升。

城市建筑材料（混凝土、沥青等）的大量使用改变了城市地表组成，进而影响了地表辐射收支和能力平衡，降低了潜热通量和增加了感热通量，最终导致热岛效应的显著加强（Arnfield，2003）。人为热的排放也是热岛效应的正向贡献因素之一（Shahmohamadi et al.，2011）。与之相反，城市绿地、水体或者绿色屋顶等被视为热汇，能够通过增加蒸散发减弱热岛效应（Sun et al.，2018）。此外，已有的研究分析了热浪、降水、风速等背景气候对城市热岛效应的影响（Founda and Santamouris，2017；Yang et al.，2017）。

城市化和区域生态环境系统不协调的问题总体上表现为城市化对生态环境的胁迫作用和生态环境对城市化的约束作用两个方面（Fang et al.，2016），其中，城市化对生态环境的胁迫主要来自城市中的人口、工业和交通等方面，生态环境对城市化的约束则主要由城市化带来的人工地表大幅扩张和资本流向引起。城市化与生态环境系统是一个社会与自然相结合的复杂巨系统，目前，有关城市化与生态环境系统的研究已成为国内外学术领域的热点问题。针对城市化与生态环境的协同发展研究，国内外学者作了诸多探索，在理论研究方面，Fang 等（2016）基于城市群城市化与生态环境之间复杂的非线性耦合关系，创建出两者近远程交互耦合效应的理论框架；在演变过程方面，黄金川和方创琳（2003）采用代数学和几何学方法推导出城市化与生态环境交互耦合的数理函数和几何曲线，即环境库兹涅茨曲线和对数曲线的逻辑复合；在交互耦合机理方面，刘耀彬等（2005）采用灰色关联度和耦合度模型，定量揭示了城市化与生态环境系统交互耦合的主控因素，解读了城市化对生态环境的胁迫效应和生态环境对城市化的约束效应。对城市化与生态环境系统影响因素的研究主要分析了城市地区单一系统的影响因素，探究土地节约、土地利用变迁、人民需求、植被覆盖率和城市景观对区域生态环境系统的影响（Chen and Yu，2017；Li et al.，2016；Stanley et al.，2015），探究土地荒废、经济增长和气候变化对区域城市化系统的影响（Chen et al.，2016；Bai et al.，2012），以及快速城市化过程中，城市化对能源消耗、空气质量、社会经济可持续发展、城市多功能景观及生态系统服务的影响（Delphin et al.，2016；Peng et al.，2016；Zhang and Lin，2012）。然而，鲜有文献从不同时间和空间尺度研究城市化与生态环境复合系统协同效应的影响因素。对中国区域的研究主要分析了快速城市化对西部城市、沿海城市、大运河香河段等地区生态环境的影响（Chen and Yu，2017；Li et al.，2016；Fan et al.，2014），较少研究东部城市群地区城市化与生态环境系统的协同发展效应。

参 考 文 献

宫倩楠, 阳圆, 杨欢, 等. 2020. 从城市化到城市群化——中国主要城市(群)人口与发展学术研讨会会议综述. 人口与经济, (1): 127-132.
贺祥, 林振山. 2017. 基于GAM模型分析影响因素交互作用对$PM_{2.5}$浓度变化的影响. 环境科学, 38(1): 22-32.
黄金川, 方创琳. 2003. 城市化与生态环境交互耦合机制与规律性分析. 地理研究, 22(2): 211-220.
金丹, 戴林琳. 2021. 中国人口城镇化与土地城镇化协调发展的时空特征与驱动因素. 中国土地科学, 35(6): 74-84.
李玉文, 王粟, 崔晓阳. 2011. 东北老工业基地不同土地利用类型土壤重金属污染特点. 环境科学与管理, 36(3): 118-122.
刘华军, 雷名雨. 2018. 中国雾霾污染区域协同治理困境及其破解思路. 中国人口•资源与环境, 28(10): 88-95.
刘耀彬, 李仁东, 宋学锋. 2005. 中国区域城市化与生态环境耦合的关联分析. 地理学报, 60(2): 237-247.
吕永龙, 王尘辰, 曹祥会. 2018. 城市化的生态风险及其管理. 生态学报, 38(2): 359-370.
马瑾, 潘根兴, 万洪富, 等. 2004. 珠江三角洲典型区域土壤重金属污染探查研究. 土壤通报, 35(5): 636-638.
王晓燕, 王晓峰, 汪清平, 等. 2004. 北京密云水库小流域非点源污染负荷估算. 地理科学, 24(2): 227-231.
王跃思, 姚利, 刘子锐, 等. 2013. 京津冀大气霾污染及控制策略思考. 中国科学院院刊, 28(3): 353-363.
王振波, 梁龙武, 林雄斌. 2017. 京津冀城市群空气污染的模式总结与治理效果评估. 环境科学, 38(10): 4005-4014.
王振波, 梁龙武, 王旭静. 2019. 中国城市群地区 $PM_{2.5}$ 时空演变格局及其影响因素. 地理学报, 74(12): 2614-2630.
谢天, 侯鹰, 陈卫平, 等. 2019. 城市化对土壤生态环境的影响研究进展. 生态学报, 39(4): 1154-1164.
熊欢欢, 梁龙武, 曾赠, 等. 2017. 中国城市 $PM_{2.5}$ 时空分布的动态比较分析. 资源科学, 39(1): 136-146.
杨冕, 王银. 2017. 长江经济带 $PM_{2.5}$时空特征及影响因素研究. 中国人口•资源与环境, 27(1): 91-100.
Arnfield A J. 2003. Two decades of urban climate research: A review of turbulence, exchanges of energy and water, and the urban heat island. International Journal of Climatology, 23: 1-26.
Bai X, Chen J, Shi P. 2012. Landscape urbanization and economic growth in China: Positive feedbacks and sustainability dilemmas. Environmental Science & Technology, 46: 132-139.
Cao Q, Yu D, Georgescu M, et al. 2018. Impacts of future urban expansion on summer climate and heat-related human health in eastern China. Environment International, 112: 134-146.
Chen M, Liu W, Lu D. 2016. Challenges and the way forward in China's new-type urbanization. Land Use Policy, 55: 334-339.
Chen Y, Yu S. 2017. Impacts of urban landscape patterns on urban thermal variations in Guangzhou, China. International Journal of Applied Earth Observation and Geoinformation, 54: 65-71.
Dauphin S, Joannis C, Deguin A, et al. 1998. Influent flow control to increase the pollution load treated during rainy periods. Water Science and Technology, 37: 131-139.
Delphin S, Escobedo F J, Abd-Elrahman A, et al. 2016. Urbanization as a land use change driver of

forest ecosystem services. Land Use Policy, 54: 188-199.
Elliott A H, Trowsdale S A. 2007. A review of models for low impact urban stormwater drainage. Environmental Modelling & Software, 22: 394-405.
Engel B A, Ahiablame L M, Leroy J D. 2015. Modeling the impacts of urbanization on lake water level using L-THIA. Urban Climate, 14: 578-585.
Estrada F, Botzen W J W, Tol R S J. 2017. A global economic assessment of city policies to reduce climate change impacts. Nature Climate Change, 7: 403-406.
Fan P, Xie Y, Qi J, et al. 2014. Vulnerability of a coupled natural and human system in a changing environment: Dynamics of Lanzhou's urban landscape. Landscape Ecology, 29: 1709-1723.
Fang C, Liu H, Li G. 2016. International progress and evaluation on interactive coupling effects between urbanization and the eco-environment. Journal of Geographical Sciences, 26: 1081-1116.
Founda D, Santamouris M. 2017. Synergies between urban heat island and heat waves in Athens (Greece), during an extremely hot summer (2012). Scientific Reports, 7: 10973.
Grimmond S. 2007. Urbanization and global environmental change: Local effects of urban warming. The Geographical Journal, 173: 83-88.
He F, Zhang Z, Wan Y, et al. 2009. Polycyclic aromatic hydrocarbons in soils of Beijing and Tianjin region: Vertical distribution, correlation with TOC and transport mechanism. Journal of Environmental Sciences, 21: 675-685.
Hu X, Zhou W, Qian Y, et al. 2017. Urban expansion and local land-cover change both significantly contribute to urban warming, but their relative importance changes over time. Landscape Ecology, 32: 763-780.
Jensen H, Reimann C, Finne T E, et al. 2007. PAH-concentrations and compositions in the top 2cm of forest soils along a 120km long transect through agricultural areas, forests and the city of Oslo, Norway. Environmental Pollution, 145: 829-838.
Laaidi K, Zeghnoun A, Dousset B, et al. 2012. The impact of heat islands on mortality in Paris during the August 2003 heat wave. Environmental Health Perspectives, 120: 254-259.
Lee J H, Bang K W. 2000. Characterization of urban stormwater runoff. Water Research, 34: 1773-1780.
Li C, Pan L, Zheng S, et al. 2016. Microclimatic spatial planning for Xianghe Segment of China's Grand Canal. International Journal of Sustainable Development & World Ecology, 23: 312-318.
Manta D S, Angelone M, Bellanca A, et al. 2002. Heavy metals in urban soils: a case study from the city of Palermo (Sicily), Italy. Science of the Total Environment, 300: 229-243.
McIlwaine R, Doherty R, Cox S F, et al. 2017. The relationship between historical development and potentially toxic element concentrations in urban soils. Environmental Pollution, 220: 1036-1049.
Mejía A I, Moglen G E. 2009. Spatial patterns of urban development from optimization of flood peaks and imperviousness-based measures. Journal of Hydrologic Engineering, 14: 416-424.
Peng J, Chen X, Liu Y, et al. 2016. Spatial identification of multifunctional landscapes and associated influencing factors in the Beijing-Tianjin-Hebei region, China. Applied Geography, 74: 170-181.
Pinto J P, Lefohn A S, Shadwick D S. 2004. Spatial variability of $PM_{2.5}$ in urban areas in the United States. Journal of the Air & Waste Management Association, 54: 440-449.
Rittmann B E. 2004. Definition, objectives, and evaluation of natural attenuation. Biodegradation, 15: 349-357.
Shahmohamadi P, Che-Ani A I, Maulud K N A, et al. 2011. The impact of anthropogenic heat on formation of urban heat island and energy consumption balance. Urban Studies Research, 2011: 497524.
Stanley M C, Beggs J R, Bassett I E, et al. 2015. Emerging threats in urban ecosystems: A horizon

scanning exercise. Frontiers in Ecology and the Environment, 13: 553-560.
Sun R, Xie W, Chen L. 2018. A landscape connectivity model to quantify contributions of heat sources and sinks in urban regions. Landscape and Urban Planning, 178: 43-50.
Sun Y, Zhuang G, Tang A, et al. 2006. Chemical characteristics of $PM_{2.5}$ and PM_{10} in haze−fog episodes in Beijing. Environmental Science & Technology, 40: 3148-3155.
Suter II G W. 1990. Endpoints for regional ecological risk assessments. Environmental Management, 14: 9-23.
van Wijnen H J, Rutgers M, Schouten A J, et al. 2012. How to calculate the spatial distribution of ecosystem services — Natural attenuation as example from The Netherlands. Science of the Total Environment, 415: 49-55.
Wang Z, Chen J, Qiao X, et al. 2007. Distribution and sources of polycyclic aromatic hydrocarbons from urban to rural soils: A case study in Dalian, China. Chemosphere, 68: 965-971.
Wang Z, Fang C. 2016. Spatial- temporal characteristics and determinants of $PM_{2.5}$ in the Bohai Rim Urban Agglomeration. Chemosphere, 148: 148-162.
Yang P, Ren G, Yan P. 2017. Evidence for a strong association of short-duration intense rainfall with urbanization in the Beijing urban area. Journal of Climate, 30: 5851-5870.
Yin Z Y, Walcott S, Kaplan B, et al. 2005. An analysis of the relationship between spatial patterns of water quality and urban development in Shanghai, China. Computers, Environment and Urban Systems, 29: 197-221.
Yu X, Gao Y, Wu S, et al. 2006. Distribution of polycyclic aromatic hydrocarbons in soils at Guiyu area of China, affected by recycling of electronic waste using primitive technologies. Chemosphere, 65: 1500-1509.
Zhang C, Lin Y. 2012. Panel estimation for urbanization, energy consumption and CO_2 emissions: A regional analysis in China. Energy Policy, 49: 488-498.

2 城市化的土壤生态环境效应

2.1 城市化过程对土壤生态环境的影响

2.1.1 城市化对土壤理化特征的影响

城市土壤的理化特征受城市人为活动影响剧烈。建筑施工地和新建的大型公共绿地的土壤经历了人为的移除、堆填及混合等剧烈扰动，其自然剖面被改变，原有的成土层结构遭到破坏，在垂直方向上形成深厚的均匀混合土层。同时，土壤中无规律地混入大量的建筑垃圾和生活垃圾等外来物质。城市人类活动造成土层结构的无序变化，杂质来源多样和成分组成复杂，导致城市生态系统土壤质量的下降（崔晓阳和方怀龙，2001）。城市中，不同城市化程度的公园或居民区的土壤性质均表现出显著差异（Sarah et al.，2015）。城市土壤理化特征的变化是城市化过程影响土壤生态环境的直观反映，也是土壤生态功能变化的潜在原因。

2.1.1.1 城市化对土壤物理特征的影响

人为压实是城市绿地土壤普遍存在的现象，是城市土壤物理特征变化的根本原因。在城市中，建筑材料堆放、重型机器作业、交通车辆和行人践踏等行为均直接导致城市土壤压实，这些人为压实行为导致土壤自然结构体变形，土粒团聚体之间的孔隙体积缩小，孔隙结构变化甚至坍塌，土壤紧实度增加，透水透气性能下降，从而形成较天然土壤更高的容重，造成土壤质量的降低。城市中不同类型的人类活动代表了不同水平的人为干扰强度，导致土壤容重的差异。研究表明，国内外不同城市的不同功能区土壤容重的均值间存在显著差异，受到剧烈人类活动干扰的城市中心土壤容重大多高于城市周边郊区（表 2-1）。另外，相同功能区内不同类型土壤容重同样差异明显，如城市湿地中灌丛下土壤容重显著高于河漫滩土壤容重（Chappell and Johnson，2015），而城市公园草地下土壤容重高于乔木植被下土壤容重，并与建筑时间呈显著正相关关系（Setälä et al.，2017）。因此，城市内不同类型的人为活动对土壤压实程度具有显著的影响。

此外，城市下垫面的改变影响了土壤水分下渗的能力。一方面，地表封实增加城市地表径流量，影响地下水自然回灌过程，改变城市的水文状况，成为城市内涝的重要原因（刘文等，2016），地表径流带走土壤中的大量营养物质，增加了地表河流的营养物质与下游水体的污染负荷，同时影响城市土壤和水体的质量；

表 2-1 国内外不同城市中不同功能区绿地土壤容重统计结果（单位：g/cm³）

研究城市	公园绿地	道路绿地	居民绿地	单位/学校绿地	郊区绿地
北京（马秀梅，2007）	1.38b	1.49b	1.44b	1.42b	0.89a
北京（毛齐正，2012）	1.39ab	1.36ab	1.42b	1.38ab	1.31a
南京（杨金玲等，2006）	1.70	1.65	1.54	1.49	1.36
哈尔滨（Wang et al.，2018）	1.35ab	1.40b	—	—	1.31a
美国佛罗里达州戴德郡（Hagan et al.，2010）	1.6	1.8	1.4	—	1.5

注：表中均值后不同字母表示不同土地利用类型之间的显著差异；“—”表示无数据

另一方面，地表封实使绿地植物根系难以获得充足的空气、水分及养分，直接限制了植物的生长，缺乏营养的植物需要更加频繁地通过人为施肥获得其生长必需的营养元素，进一步导致降雨径流中养分的增加（Koeser et al.，2013）。因此，物理特征的退化是城市土壤质量下降的一种主要表现形式，并进一步产生各类城市生态环境效应。

2.1.1.2 城市化对土壤化学特征的影响

城市化对土壤化学特征的影响主要表现为城市土壤化学元素循环过程的变化。一方面，在城市化过程中，人为搅动造成了城市土壤自身化学性质的改变，土壤的有机质和速效养分含量降低，其保持养分的能力减弱。此外，由于城市中植物的凋落物多数情况下得到了及时清理，难以实现土壤与植物之间的养分循环；土壤有机质和养分进一步损失，导致土壤抵抗干扰能力下降。另一方面，碳、氮、磷、硫等各类营养元素通过大气沉降、城市面源和点源排放等途径输入土壤，改变土壤元素的生物化学循环过程（卢瑛等，2001）。此外，城市土壤化学特征还受到其物理性质变化的影响，如土壤的可溶性碳、总氮及总磷在土壤中移动性较强，这些指标与土壤容重呈正相关关系（Setälä et al.，2017）。

城市化过程对土壤化学特征影响的另一主要表现是城市土壤污染的加剧。城市土壤处于城市生态系统物质循环的末端，具有接收城市人类活动废弃物和富集污染物质的作用（张甘霖等，2006）。城市中工业“三废”、机动车尾气排放及城市生活垃圾倾倒，使得大量污染物进入土体，从而导致城市出现土壤重金属、有机污染物及病原菌污染等环境问题（Peng et al.，2013）。城市土壤中累积的各类污染物可以通过不同的方式进入人体，包括直接通过食物链传递和土壤颗粒物吸入，伴随富集的营养元素通过地下水进入食物链等途径，对城市居民身体健康造成潜在的威胁（Soltani et al.，2015）。因此，城市化对土壤化学性质的影响与城市生态环境和人体健康密切相关，关注城市土壤化学性质的变化具有重要的现实意义。

2.1.2 城市化对土壤动物生态学特征的影响

城市土壤物理化学特征的退化对土壤动物的生存与生物多样性造成了潜在威胁。作为土壤动物的栖息地，土壤为生活在其中的动物提供了必需的营养元素和适宜的生存环境。与此同时，土壤动物作为陆地生态系统的重要组成部分，参与了土壤生态系统中诸多的生态过程，在改善土壤理化性质、分解土壤凋落物、促进土壤养分循环等过程中均起到了积极的作用。因此，土壤蚯蚓等土壤动物能够反映土壤健康水平，常作为指示生物用以表征土壤环境质量（Li et al.，2018）。当前对土壤动物种群和群落的研究已经不再局限于自然生态系统，在人为干扰的生态系统中，土壤动物的生态学特征的响应同样引发了国内外学者的关注。诸多研究表明，城市土壤污染、土壤理化环境的变化及其他宏观尺度的人为活动干扰深刻影响了土壤动物个体、种群及群落特征。

城市人类活动造成的土壤污染深刻影响了土壤动物的生存环境，并在基因、细胞、个体、群落等水平上对土壤无脊椎动物产生不同程度的毒性效应（Uwizeyimana et al.，2017）。例如，Creamer 等（2010）研究发现土壤中线虫和线蚓的丰度及物种多样性对土壤重金属含量变化的响应较为敏感，而蚯蚓则具有相对较强的耐受性，但在土壤重金属含量超过特定阈值时，土壤中的蚯蚓仍表现显著下降的趋势。Skaldina 等（2018）发现芬兰城市工业区土壤蚂蚁在个体和种群水平上均受到土壤重金属含量的影响。Santorufo 等（2012）发现意大利那不勒斯市土壤节肢动物，尤其是弹尾虫种群丰度受土壤重金属污染的影响尤其显著。此外，Santorufo 等（2014）研究了土壤节肢动物群落结构特征对重金属污染响应的季节性差异，结果表明蜱螨目和弹尾目的相对丰度在秋季分别与土壤总 Cu 和水溶态 Cu 的浓度显著相关。多数研究均表明，城市土壤污染对无脊椎动物群落具有明显的负面效应，在短时间内，土壤动物物种多样性和丰度均呈现下降的趋势（Bang and Faeth，2011）；在长时间内，土壤动物对污染的适应性可能提高，耐抗性的物种不断取代群落中敏感的物种，从而改变土壤群落的结构组成（Salminen et al.，2010）。因此，土壤污染物能够对城市土壤中多种无脊椎动物的种群丰度、群落组成和物种多样性产生不同程度的影响，甚至使其行为活动发生显著变化（Khan et al.，2017）。

城市土壤理化性质的改变，导致土壤动物具有独特的生态特征与行为模式。诸多研究表明城市土壤理化性质是土壤蚯蚓丰度与生物量的决定性因子。例如，Amossé 等（2016）对瑞士奈沙泰尔市土壤蚯蚓的研究显示土壤深度与土壤容重是城市土壤中影响蚯蚓群落结构组成的主要环境因子，而线虫群落特征则与土壤含水量显著相关。Xie 等（2018a）对北京市居民区蚯蚓群落的研究则表明，土壤含水量和土壤 pH 是当地蚯蚓群落结构组成的主要影响因素。此外，伴随着土壤理化性质的变化，土壤动物的广幅种更容易适应被干扰的环境，成为优势物种，同时狭幅种则不断减少，因而具有更高的灭绝风险（Lee and Kwon，2015）。

除了土壤理化性质改变带来的影响以外，城市土壤动物的生存还受到来自宏观尺度的城市化过程的影响。随着城市规模的扩张，城市景观格局和土地利用类型发生变化引起的土壤动物栖息地的破坏与丧失直接影响了土壤动物的群落结构特征与物种多样性。例如，彭涛等（2006）研究发现北京市不同土地利用类型下土壤节肢动物种群丰度具有显著差异。章家恩等（2011）发现广州市受人为干扰的土地利用类型中的土壤动物物种多样性显著低于自然植被类型下的相应水平。土壤节肢动物群落对不同程度城市化压力的响应也存在着显著差异（Xie et al.，2018a），如图 2-1 所示，陈卫平团队研究发现北京市居民区和公园土壤蚯蚓种群丰度和生物量均与建成时间显著相关。而且，城市化过程所导致的土壤动物栖息地的破碎和消失还可能是城市土壤动物局地性濒危和灭绝的主要原因，其对土壤动物物种多样性的影响程度可能甚至高于土壤理化性质所产生的影响（Liu et al.，2016）。其他国家学者的研究也发现类似结果，如 Leonard 等（2018）发现悉尼市不同的土壤节肢动物种群丰度受栖息地破碎度的影响极其显著。美国曼哈顿土壤蚂蚁群落结构与种群丰富度在不同的景观尺度下具有显著差异（Savage et al.，2015）。此外，Xie 等（2018a）还通过 Meta-种群动态理论模型解释了不同景观尺度下城市土壤生境破碎度对土壤蚯蚓种群丰度的差异性影响。综上，城市化导致的土壤污染物累积、土壤理化性质退化及土壤动物栖息地丧失等现象是土壤动物个体、种群及群落特征变化的重要原因。

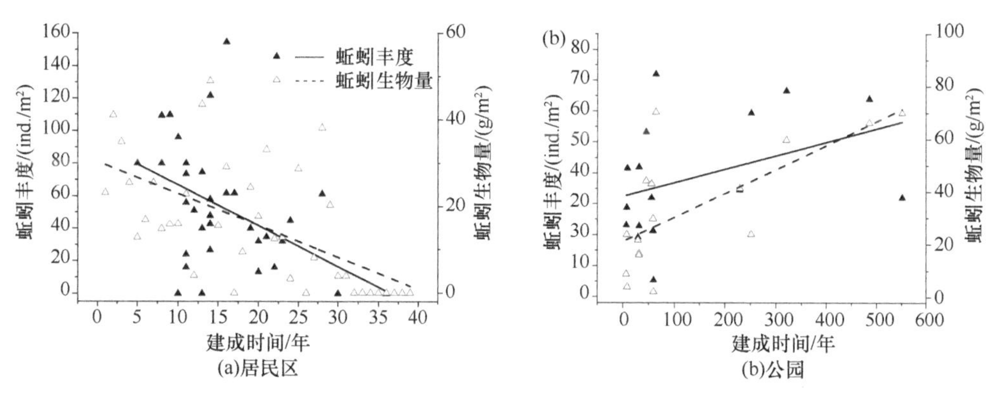

图 2-1 北京市土壤蚯蚓种群特征与居民区和公园建成时间的拟合曲线

（a）居民区；（b）公园

2.1.3 城市化对土壤微生物特征的影响

土壤微生物在陆地生态系统生物化学循环过程中发挥着不可替代的作用。土壤微生物群落组成结构特征与土壤环境变化密切相关，对土壤环境变化高度敏感，能够反映土壤生态系统的健康状况，因而被视为理想的土壤质量评价指标（侯颖等，2014）。城市化是影响全球生物多样性的关键因素之一，土壤微生物在生物多样性中占有重要的地位（Kuramae et al.，2011）。全球城市的快速扩张导致了土壤微生物群落组成与功能发生变化，所以，研究城市土壤微生物群落的结构和功能的变化与驱动规律，具有重要的理论与现实意义，因而城市化对土壤微生物群落特征的影响受到学界越来越多的关注。

已有的研究采用不同技术手段对城市土壤微生物群落特征及其影响因素展开分析。例如，Xu 等（2014）通过 454 焦磷酸测序技术对我国 16 个城市的代表性公园的土壤微生物群落及地学特征进行研究，揭示了公园土壤理化特征和气候特征与细菌群落结构特征的内在关系。Yan 等（2016）采用高通量测序的方法分析了北京市建成区土壤微生物群落结构特征，表明城市发展是影响当地城市土壤微生物群落组成与生物多样性的重要因子，其中土壤 pH 对细菌群落特征的影响最为关键。相似的研究发现城市土壤微生物群落多样性随城市不透水地表的扩张而显著下降，城市土壤重金属累积及不同土地利用类型的差异也是土壤微生物群落结构变化的重要原因（Hu et al.，2018）。上述研究均指出，土壤微生物群落特征与城市化过程密切相关，城市化过程导致的土壤理化性质的变化可能是土壤微生物群落结构特征差异的根本原因。

此外，国内外学者还针对土壤中不同功能类型的微生物受城市化过程的影响展开研究。例如，闫冰等（2016）利用 Biolog-ECO 微平板技术分析表明，北京市不同环路土壤微生物群落代谢功能的多样性之间并未表现出显著差异，认为城市化发展过程可能使土壤微生物功能多样性趋于同质化，该结论与杨元根等（2001）对英国城市的研究结果有所差异，后者指出不同代谢功能的微生物的数量在城乡梯度上的差异是重金属对微生物功能损伤的长期效应所导致的。Rai 等（2018）指出在土壤固氮过程中起重要作用的蓝藻细菌群落内的物种多样性水平受城市化过程影响显著。具有耐热性能的球囊霉素相关的土壤蛋白质的群落同样在城乡梯度上表现出了显著的差异（Wang et al.，2018）。Mafiz 等（2018）通过宏基因组学工具对美国城市农田土壤细菌的抗生素耐药性与耐药基因展开研究，发现无论城市土壤是否受到污染，土壤细菌均存在较为多样的抗生素抗性基因，且抗生素抗性基因之间、抗生素抗性基因与重金属抗性基因之间均存在显著的正相关性。此外，研究还表明城市道路交通压力、土壤重金属污染及土地利用类型变化均对城市土壤多种酶的活性产生重要的影响（Li et al.，2015）。因此，城市化过程不仅改变了土壤微生物群落结构特征，同时对其功能特征也产生了深刻的影响。

城市土壤微生物群落受到城市地上与地下各种生物因素及土壤理化性质等非生物因素的共同影响，然而城市微生物群落组成、结构和功能特征与各种土壤理化参数的关系仍然不明晰，围绕土壤微生物群落多样性和地上部分生物多样性互相作用机理的研究仍然缺乏。因此，仍需采取相应的微生物研究技术，进一步对城市化导致的城市土壤理化性质的变化、土壤污染、土地管理措施及地上生物多样性的变化对土壤微生物群落的影响机制加以深入研究。

2.1.4 城市化对土壤生态系统服务功能的影响

土壤作为生态系统的重要组成部分，为人类提供了各种福祉。当前学界提出了土壤生态系统服务功能的不同研究框架，用以评估土壤生态风险、土壤生态功能保护的优先性，并用以制定相应的土壤修复措施。在城市生态系统的管理中，生态系统服务功能的概念正在越来越多地被引入土壤管理的议题当中。例如，在城市管理的前端提出 DESTISOL 决策支持系统的概念，构建了基于城市土壤理化因子、土壤功能及土壤生态系统服务的综合定量关系，从而将土壤生态系统服务功能的概念运用于城市管理的决策中（Potschin-Young et al.，2018）。简而言之，城市土壤生态系统服务功能受到了研究者和决策者越来越多的重视。城市土壤既为植物的生长提供必需的养分，以维持绿色植物的生长；又能够过滤、缓冲和转换土壤中的有害物质，实现污染物的净化；并且具有固定与储存大气中温室气体的能力；同时还可以与地上部分进行水和热的交换，发挥其气候调节的功能（Lehmann，2006）。已有的相关研究主要针对城市化对土壤维持植物生长功能、土壤自然消减功能和土壤碳储存功能的影响。

2.1.4.1 城市化对土壤维持植物生长功能的影响

城市绿地植被为城市居民提供了重要的生态系统服务。相关研究表明，绿地植物能够有效缓解城市居民日常的精神压力，提供绿地景观的美学审美价值。然而，相较于自然森林植被，城市绿地植物具有较低的存活率（McGrath and Henry，2015；Haan et al.，2012）。城市土壤物理、化学和生物特征的改变能够对城市树木存活率产生不利影响。伴随着人类活动的强烈干扰，城市土壤理化性质发生改变，土壤营养物质减少，土壤对植物的养分供应下降，城市绿地的质量降低，土壤维持植物生长的功能受到影响，绿地植物的生长受到阻碍。

城市化过程中，土壤物理性质的改变是影响城市植物正常生长的重要因素。土壤的孔隙状况与土壤环境中生物与非生物过程密切相关，包括孔隙度、孔隙结构等相关土壤物理指标决定了土壤中水、气的比例关系及土壤温度和营养的状态。然而，人为活动导致的土壤压实改变了土壤透气孔径的分布，相关研究表明城市土壤孔隙度为 39.6%～47.2%，低于土壤孔隙度的适宜区间（50%～60%）（崔晓阳和方怀龙，2001；Jim and Ng，2018）。Jim 和 Ng（2018）通过研究中国香港道路绿地土壤孔隙状况对树木生长的影响，发现土壤孔隙度指标是影响城市植物生长功能的重要因子，与植物健康稳定的生长紧密相关；此外，不透水地表的扩张对道路绿地植物生长空间的限制，同样影响了其正常生长。同时，Haan 等（2012）对美国密歇根州城市道路绿地的研究表明，较土壤孔隙度而言，植物的存活率更多取决于土壤质地。因此，对相应土壤物理性质的改良应在城市绿地土壤管理中加以运用。

此外，城市土壤化学特征的变化，使其难以为城市植物生长提供足够的肥力和理想的生存环境，进而抑制城市植物的生存与生长。例如，Lawrence 等（2012）通过一般线性混合模型表征城市土壤特征与城市植被特征之间的关系，发现包括 pH、钾素等土壤化学特征是决定城市植物生存的重要因子，而城市土地利用覆被类型与人为管护方式的差异同样与城市植物的存活率和死亡率密切相关。类似的研究同样证实通过翻耕与堆肥等不同的人为管理方式可以改善土壤性质，促进城市树木的生长（Somerville et al.，2018）。综上所述，土壤维持植物生长的功能受到城市化过程的影响，与土壤性质密切相关，并随土壤理化性质的退化而持续下降。

维持植物生长是城市土壤基本的生态系统服务功能之一。在城市中，土壤理化性质的改良，对于维持植物生长的功能、保障城市绿化的效果极为重要。当前针对城市土壤维持植物生长功能的研究侧重于单一的土壤或城市化因子对植物健康的影响，难以形成完善的定量评价体系。如何建立城市土壤不同理化特征与维持植物生长功能之间的定量关系，并为城市绿地管理提供相应的科学指导依据，仍是城市土壤生态功能研究的重点。

2.1.4.2 城市化对土壤自然消减功能的影响

城市中人类活动产生的污染物大多直接或间接地进入城市土壤。作为城市环境的天然屏障，城市土壤既是城市污染物的汇集地，又是污染物的净化器，具有容纳、过滤和消解污染物的能力。土壤对污染物的净化功能是城市土壤生态系统最为重要的生态功能之一，对城市生态系统的保护和居民健康起到了积极的作用（Setälä et al.，2017）。城市化过程中人为排放的污染物，在土壤中不断累积，可能超过土壤自身的净化能力，从而导致土壤污染。

美国国家环境保护署（EPA）将土壤自然消减能力（natural attenuation capacity）定义为，在没有人类干扰的情况下，土壤中污染物的总量、浓度和体积减少，污染物的毒性降低，迁移能力削弱的一系列物理、化学和生物过程，是土壤重要的生态系统服务功能（EPA，1999）。土壤自然消减能力与土壤复杂的生态过程密切相关，不同的土壤因子对土壤净化功能发挥着不同的作用，如土壤有机质可以通过固定重金属离子，显著降低土壤重金属有效性（Wang et al.，2013）；土壤微生物能够将土壤中有机污染物吸收、转化并降解为其他无害的物质，因此，土壤对污染物的净化功能与土壤自身的物理、化学和生物学特征之间的相互作用密切相关。通过土壤理化指标对土壤净化功能进行定量评价，是当前城市土壤净化功能研究的热点。

城市化过程对城市土壤生态系统产生的环境胁迫直接影响了其生态学过程，导致了其物理、化学和生物学特征出现了不同程度的改变，进一步影响土壤自然消减功能。例如，Setälä 等（2017）分析了城市公园土壤理化性质的变化对土壤固定重金属能力的影响。Rutgers 等（2012）则针对土壤重金属和有机污染物在土壤媒介中挥发、降解、迁移、扩散和生物固定等一系列的生态学过程建立了相应的生态系统功能评价指标体系。Wang 等（2015）借助了 Rutgers 等（2012）的指标体系，选取土壤若干理化指标对北京市土壤的自然消减能力进行了评价，发现北京市土壤自然消减能力与居民区和公园的建成年数显著相关，其中，在不同的用地类型中，城市公园具有最高的土壤自然消减能力。此外，Xie 等（2018b）考虑到城市土壤不同物理、化学和生物因子在土壤净化功能中参与的生态过程的差异，在评价指标体系中引入权重，对北京市居民区绿地土壤自然消减能力进行定量评价，结果表明城市土壤容重、微生物群落多样性及有机质含量对城市土壤自然消减能力的发挥起到重要的作用；该研究同时揭示了城市居民区城市化社会经济发展程度对土壤净化功能的显著影响，土壤自然消减能力可以通过城市化社会经济因子有效地进行表征。因此，城市土壤自然消减能力与土壤自身理化性质密切相关，土壤理化特征的健康是土壤相关功能正常发挥的重要前提，同时城市化强度对土壤自然消减能力具有显著的影响。

城市土壤自然消减能力的发挥关系到人体健康和城市生态环境质量。现有的土壤生态服务功能评价方法较多，尚仍不存在标准的定量评价体系。如何建立标准规范的土壤功能的评价体系，是今后土壤生态服务功能，尤其是土壤自然消减能力研究的重点和难点。由于城市土壤理化特征的变化是导致城市土壤自然消减能力变化的根本原因，所以通过土壤理化特征对城市土壤自然消减能力展开定量评价是较为有效且科学的研究方法。此外，当前国内外学界仍然缺乏根据土壤自然消减能力确定城市土壤中可容纳污染物的临界阈值的系统研究。构建土壤自然消减能力的定量评价方法，确定土壤自然消减能力与土壤中污染物临界阈值之间的定量关系，对于明晰城市土壤污染生态效应、提高土壤环境质量、保护城市居民健康安全具有重要意义。

2.1.4.3　城市化对土壤碳储存功能的影响

土壤碳库是陆地碳库的重要组成部分。土壤与植被碳库的碳储存能力决定了大气与陆地生态系统之间的净碳通量，其微小的波动能够影响大气中 CO_2 浓度的年际变化，从而导致全球气候变化（Ballantyne et al.，2012）。城市土壤是城市生态系统的重要碳库，其碳储存功能是城市土壤重要的生态系统服务功能。城市土壤固碳功能不仅受到自然因素的影响，也受到城市人类活动的干扰，因此，城市生态系统土壤碳储存特征、功能及人类活动的影响受到学界越来越多的关注（Livesley et al.，2016）。

近年来国内外学者对全球范围内城市土壤碳储量进行了估算，结果显示以往的研究低估了城市土壤的固碳功能。例如，朱超等（2012）对中国城市建成区土壤有机碳储量的估算发现，2006 年土壤有机碳储量约为 0.25Pg，占城市生态系统有机碳总储量的 73%。国内学者对北京（Liu et al.，2018）、广州（吴志峰等，2014）、南京（陈浩等，2017）等城市的土壤碳储量分别展开调查，结果显示不同城市土壤均具有较高的碳库储量。Edmondson 等（2012）发现城市绿地与不透水地表下的土壤均具有较高的固碳功能，其固碳潜力远高于人们的预期。尽管不同国家和城市的土壤碳储量存在一定差异，但针对不同城市的研究结果均表明城市土壤具有较强的固碳能力。

由于人类活动的影响，城市土壤碳库与天然土壤碳库相比，在时间和空间上具有更高的异质性。在时间尺度上，随着我国城市建成区绿地面积的不断增加，土壤有机碳储量在 1997～2006 年呈现出快速增长的趋势（朱超等，2012）。相似地，美国城市土壤在 1950～2000 年碳储量增速显著。此外，由于城市湿地土壤面积的扩张，韩国在 2003～2013 年 10 年间公园表层土壤有机碳密度增加了 2 倍以上（Bae and Ryu，2015）。相反，哈尔滨市土壤有机碳库储量近 30 年来下降了 0.16Tg，这是城市中具有较强固碳功能的耕地与林地快速消失导致的（吕海亮，2017）。

在空间尺度上，城市土壤有机碳储量与距市中心距离呈显著的负相关关系（罗上华等，2014）。陈浩等（2017）研究发现南京市土壤有机碳储量较低的区域主要分布在快速城市化区域，地表的封实是影响土壤碳储存功能的最主要原因。在空间垂直方向上，土壤有机碳储量与土壤深度存在负相关关系。例如，英国莱斯特城的土壤有机碳储量与土壤深度呈现出负指数相关的关系，1m 深的土壤中 47%的有机碳均集中在表层土壤（Edmondson et al.，2012）。Ghosh 等（2016）发现城市表层土壤（0～30cm）较深层土壤（30～50cm 和 50～100cm）具有更高的有机碳储量。此外，许多研究证实了城市不同植被类型下土壤固碳功能存在显著差异，如林地土壤的碳固存能力显著高于草地土壤（Livesley et al.，2016），不同乔木种的土壤之间同样存在差异（Edmondson et al.，2014）。尽管城市造林能够提升城市生态系统的碳储量，但是对土壤碳储量的贡献仍然存在一定争议（Davies et al.，2011）。

不同城市化水平对土壤碳储存功能具有显著的影响。例如，不同研究发现土壤固碳能力随城市土地建成年数增加而增加，这可能是土壤理化性质的变化导致的（Trammell et al.，2017）。相似地，城市人口数量、城市规模、土地利用/覆被变化及城市绿地的不同管理模式均被证实显著影响城市土壤碳储量（段保正等，2016）。此外，Liu 等（2018）采用多个与土壤有机碳相关的指标，利用生态系统服务功能指数的方法，对北京市建成区土壤固碳能力进行评价，结果表明北京市建成区土壤固碳功能较差，城市化过程削弱了城市土壤的固碳功能。Sarzhanov 等（2017）通过 CO_2/有机碳库值衡量俄罗斯城市土壤碳库，结果表明城市化过程显著降低了土壤碳储存功能。Vasenev 等（2018）通过情景分析的方法，模拟不同城市化水平下，俄罗斯莫斯科城市的区域扩张和土地覆被类型变化可能对土壤有机碳储量产生有利或不利的效应。综上，城市中土壤碳库具有明显的时空异质性，城市化能够显著影响土壤碳储存功能。

城市土壤固碳功能在促进生态系统碳循环、缓解气候变化效应的过程中扮演着重要的角色，是当前城市生态系统服务功能的研究热点。目前国内外学者对不同城市土壤碳储存功能及其影响因素的研究较为丰富，但城市土壤碳库的稳定性较差，土壤固碳功能的影响因素及其生态效应较为复杂。此外，由于不同研究中土壤碳库的数据来源、研究尺度及模型和参数的选取不同，可能导致估算结果存在较大差异和不确定性，因而难以将不同城市的研究结果进行对比。如何在特定尺度上确定统一的碳储存功能的评估方法，并提高模型的估算精度，是当前土壤相关功能研究的难点。

2.2 城市土壤污染格局与影响机制

2.2.1 采样与分析

2.2.1.1 采样区域描述

北京拥有中国北方大城市的典型特点：发展快速，人口密集，交通繁忙，工业发达和冬季全城供暖。城区由中心的紫禁城向四周扩张，并形成了 4 个同心环线。北京市城区为各种存在于学校、公园和街边的绿地所镶嵌，城市绿地面积达 44%。城区人口超过了 1600 万人。高密集的人口带来了大量的资源和能源消耗，严重影响到城市绿地生态系统的功能。多环芳烃普遍存在于北京市大气和土壤中（Yu et al.，2008；Li et al.，2006；Ma et al.，2005），其主要来源包括交通运输、燃煤取暖和工业活动（Peng et al.，2011）。

2.2.1.2 采样地点

先将北京市城区按 500m×500m 大小划分为 2600 个栅格，然后随机选取了 260 个栅格中主要的土地利用类型中的透水地表作为采样地点。剔除掉不能采样的区域，最后选取了 233 个采样点（图 2-2）。每个土样由采样点 10m×10m 内 5 个表层 0～10cm 土样均匀混合而成。在移除植物根系物后，装入纸袋运回实验室，自然风干后研磨并过 100 目筛，最后装入棕色玻璃瓶储存于–25℃冰箱待测。

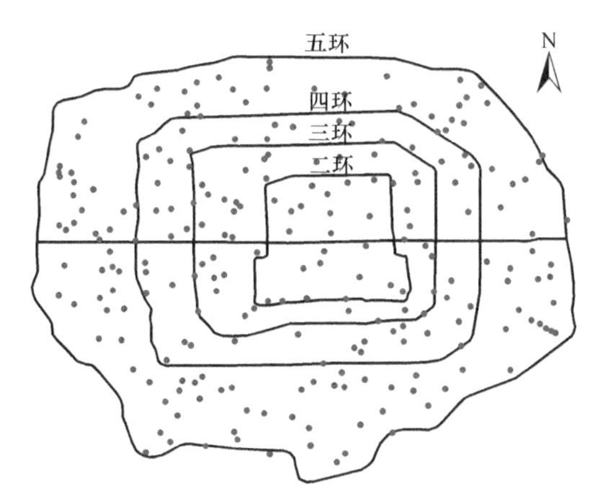

图 2-2　北京市五环内采样点布局

97 个绿地土壤样品来自近期表层土没有被扰动的城市绿地。采样点分布在城市各个区域，代表了各种土地利用下不同植被覆盖的绿地类型。采样点来自 8 种不同的城市常见土地利用类型：工业区、公园、空地、居民区、农用地、拥挤道路、不拥挤道路与学校。同时，采样点的植被覆盖类型被分为 4 类：乔灌草混合型、林地、草地和狭长绿化带。具体分类见表 2-2。

表 2-2　不同土地用途和植被覆盖的取样地点组成

	乔灌草混合型	林地	草地	狭长绿化带	总和
工业区	6		1		7
公园	3	9	1		13
空地			6		6
居民区	20	5	1		26
农用地		9			9
拥挤道路	1		3	12	16
不拥挤道路	2	1	5	3	11
学校	5	3	1		9
总和	37	27	18	15	97

2.2.1.3　化学分析

多环芳烃分析过程：将 5g 土样与 5g 无水硫酸钠均匀混合装入自动索氏提取器（BUCHI B-811，Inc.，Switzerland），萃取溶剂采用丙酮/二氯甲烷（1∶1）120ml。提取程序为浸泡提取 2h，淋洗 20min。人工控制蒸馏时间到最后剩下 5ml 左右溶剂，转移至 50ml 试管中，并分两次加入 5ml 正己烷清洗溶剂杯，收集所有清洗溶剂同样加入到 50ml 试管中。使用氮吹仪浓缩至 1ml 左右。然后采用正相 SPE 净化方法对提取的多环芳烃样品进行净化，其步骤为，先用 5ml 正己烷活化萃取小柱，并加入 1g 无水硫酸钠。待正己烷液面和无水硫酸钠上表面持平时加入样品，并用 1ml 正己烷进行转移。再在样品液面和无水硫酸钠上表面持平时分两次加入总共 8ml 的正己烷/二氯甲烷（1∶1）。收集上样以后所有流出溶剂，使用氮吹仪浓缩到近干，定容至 1ml 上 GC/MS 分析。升温程序为 50℃保持 1min，以 25℃/min 升至 150℃保持 1min，再以 4℃/min 升至 300℃保持 4.5min；进样口温度为 300℃，辅助通道温度 300℃，四极杆温度 150℃，离子源 320℃；离子检测方式为 Selected-Ion-Monitoring（SIM）。使用外标法定量。

分析的 16 种优控多环芳烃包括 2 环的萘（naphthalene，NAP），3 环的苊烯（acenaphthylene，ACPY）、苊（acenaphthene，ACP）、芴（fluorene，FLU）、菲（phenanthrene，PHE）、蒽（anthracene，ANT），4 环的荧蒽（fluoranthene，FLT）、芘（pyrene，PYR）、苯并(*a*)蒽（benzo (*a*) anthracene，BaA）、屈（chrysene，CHR），5 环的苯并(*b*)荧蒽（benzo (*b*) fluoranthene，BbF）、苯并(*k*)荧蒽（benzo (*k*) fluoranthene，BKF），苯并(*a*)芘（benzo (*a*) pyrene，BaP）、二苯并(*a,h*)蒽（dibenzo (*a,h*) anthracene，DBA），6 环的茚并(1,2,3-*cd*)芘（indeno (1,2,3-*cd*) pyrene，IND），苯并(*ghi*)苝（benzo (*ghi*) perylene，BghiP）。萘回收率为 64%，其余 15 种多环芳烃回收率在 86%～119%。

有机质使用元素分析仪（Elementar，Germany）测定。为去除无机炭成分，先将土样浸泡于 10% HCl 溶液中过夜，抽滤后将土样自然风干。将所测得的有机碳含量乘以换算系数 1.724 即得到土壤有机质（SOM）含量。土壤 pH 使用土水比例 1∶2.5 测定。

2.2.1.4 统计分析

统计分析包括方差分析、Kolmogorov-Smirnov 检验、Pearson 相关分析和回归分析使用 SPSS（version 18.0）进行。在需要正态分布数据的统计分析之间，将多环芳烃数据进行了对数化。

2.2.2 土壤污染格局和影响因素

2.2.2.1 土壤多环芳烃浓度

北京市所有 233 个样品中的 16 种多环芳烃（PAHs）组分含量均在检测限以上，结果见表 2-3。16 种多环芳烃总浓度在 93.30～13 141.46μg/kg，平均值为 1228.05μg/kg，中值为 687.65μg/kg，标准差为 1806.74μg/kg。高分子量多环芳烃（HMW PAHs）

含量占总多环芳烃含量的83%。与各个单体组分浓度分布相似，多环芳烃总浓度分布强烈偏向低浓度一方，呈现出典型的对数正态分布。强偏态的浓度分布说明北京市大部分土壤中多环芳烃浓度偏小，但有个别区域中多环芳烃浓度很高。

表 2-3 北京市城市土壤中多环芳烃含量的描述性统计（单位：μg/kg）

成分	环数	TEF	最小值	最大值	平均值	中位值	SD
NAP	2	0.001	1.2	440	26.1	16.7	37.9
ACPY	3	0.001	1.6	211.7	15.1	8.4	25.7
ACP	3	0.001	1	389.8	8.2	3.3	29.3
FLU	3	0.001	3.3	276.9	14.9	9.7	23.2
PHE	3	0.001	16.1	1 514.6	116.3	70.2	163.1
ANT	3	0.01	2.2	489.5	25.4	11.5	52.7
FLT	4	0.001	9.2	1 873.8	160.7	86.2	250.4
PYR	4	0.001	6.9	1 560.8	127.3	67.6	200.7
BaA	4	0.1	3.7	1 075	83.9	40.1	136.3
CHR	4	0.01	7.6	1 297.7	111.4	64.0	165.1
BbF	5	0.1	8.4	1 206.3	123.7	69.9	173.3
BkF	5	0.1	7.8	1 170.3	117	65.8	168
BaP	5	1	4	1 004.1	93.6	44.4	146
IND	6	0.1	5.5	885	92.4	48.1	135.7
DBA	5	1	1.3	266.7	21.2	10.2	35.6
BghiP	6	0.01	5.9	912.9	90.8	48.1	134.7
LMW PAHs			32.1	2 512.8	206.1	128.1	297.6
HMW PAHs			60.4	11 037.6	1 022	551.7	1 530.7
∑PAHs			93.3	13 141.5	1 228.1	687.7	1 806.7

注：SD 表示标准差；LMW PAHs 表示低分子量、环数为 2～3 环的多环芳烃；HMW PAHs 表示高分子量、环数为 4～6 环的多环芳烃；∑PAHs 表示多环芳烃总浓度，即 16 种多环芳烃浓度之和；TEF 表示多环芳烃的毒性当量因子

对比以往两次对北京市土壤的研究结果，其总浓度范围基本一致，但平均值略微偏低（Li et al.，2006；Tang et al.，2005）。造成这种结果的可能原因有：较少的采样点数量很难反映复杂城市中真实的多环芳烃浓度水平；不同的采样目的与策略会显著改变分析结果；此外多环芳烃在不同季节的挥发与降解速率不同，夏季采样会降低土壤中多环芳烃浓度水平。

与郊区土壤相比，城市土壤中总多环芳烃浓度高出 2～3 倍。前人研究发现，北京市城郊土壤与农村土壤高分子量多环芳烃占总多环芳烃的比例分别为 70%与 66%（Ma et al.，2005），低于本次研究的结果 83%。低分子量多环芳烃（LMW PAHs）拥有更高的挥发性，多以气态形式随大气传播，可以扩散到更远的区域中（Augusto et al.，2009）。而高分子量多环芳烃多附着于大气颗粒物上，较容易沉降在源附近（Wang et al.，2007）。因此城市—城郊—农村梯度表现出高分子量多环芳烃比例逐渐降低的趋势。

2.2.2.2　多环芳烃源解析

不同的排放源产生的多环芳烃具有不同的组分比例。一般来说燃烧源产生更多的高分子量多环芳烃，而成岩作用形成较多的低分子量多环芳烃（Aichner et al., 2007）。本研究高达 80%的高分子量多环芳烃说明燃烧过程为北京市多环芳烃的主要来源。进一步使用多环芳烃同分异构体浓度比例可以判断其具体来源，如 BaP/BghiP<0.6 和 IND/（IND+BghiP）<0.2 说明石油挥发和成岩作用源。BaP/BghiP 在 0.6～0.9 和 IND/（IND+BghiP）在 0.2～0.5 说明多环芳烃主要来源于交通排放。当 BaP/BghiP>0.9 且 IND/（IND+BghiP）>0.5 则说明多环芳烃主要来源于煤燃烧。从图 2-3 可以看出北京市土壤多环芳烃来源可以分成 3 种：大约 35%的采样点土壤多环芳烃主要来源为煤燃烧，30%的采样点土壤多环芳烃主要为交通来源，剩余的采样点土壤多环芳烃来源为煤燃烧和交通源混合。非燃烧过程显然不是北京市多环芳烃的重要来源。

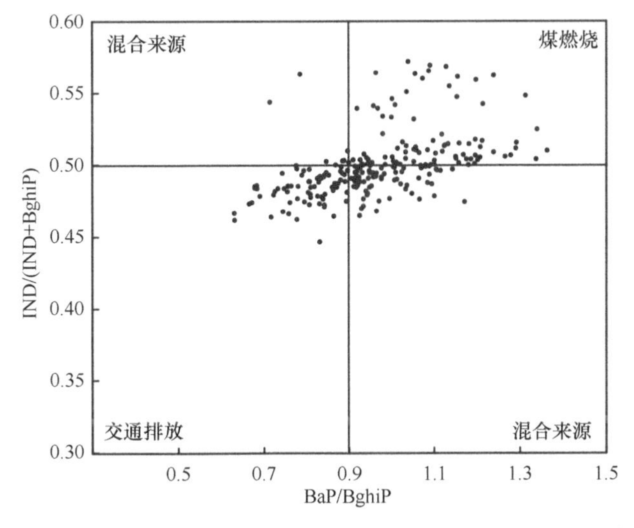

图 2-3　北京土壤中 IND/（IND+BghiP）与 BaP/BghiP 的关系图

对 16 种多环芳烃组分的因子分析结果如图 2-4 所示。前两个主因子一共解释了 92.4%的数据变异。第一个主因子包括 14 种多环芳烃，共解释了 71.7%的数据变异，代表着北京本地的人为源多环芳烃。第二个主因子包括 NAP 和 ACP，解释了 20.7%的变量。NAP 和 ACP 是两种最容易进行长距离迁移的多环芳烃组分，因此该因子可能解释的是多环芳烃组分间的不同的迁移与沉降能力。综合分子比值法与因子分析结果，可以看出北京市多环芳烃主要来源为汽车尾气与煤燃烧，次要来源为远距离的大气沉降。

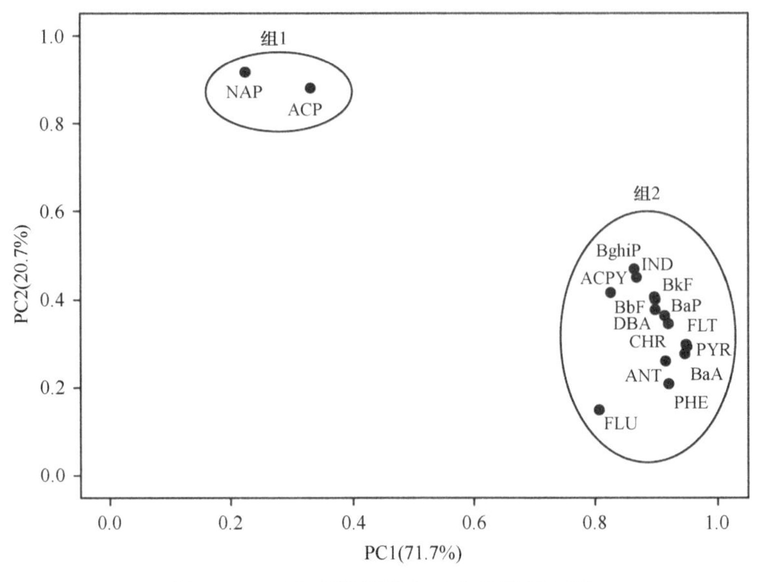

图 2-4　16 种多环芳烃主成分分析载荷图

2.2.2.3　多环芳烃空间分布

根据 Maliszewska-Kordybach（1996）的分级标准对北京市土壤多环芳烃进行克里金插值，结果见图 2-5。整个城市范围多环芳烃浓度都在污染水平（浓度大于 200μg/kg），总共有 60%的区域浓度超过重污染标准 1000μg/kg。整体上看，远离城市中心的地区多环芳烃浓度较低，如北京西北、东北和西南。

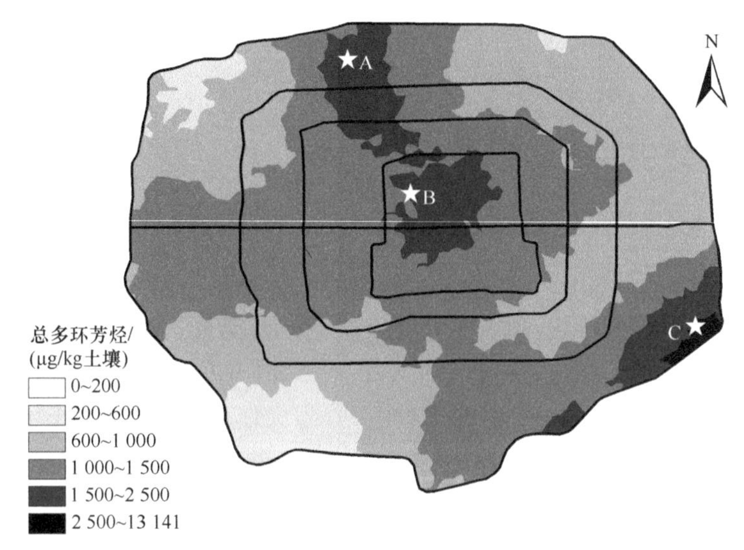

图 2-5　北京市五环内土壤多环芳烃空间分布

A、B、C 是 3 个高污染热点中多环芳烃浓度最高的采样点

从图 2-5 中可以看出 3 个浓度相对较高的区域。第一个高浓度区域是位于城市东南的工业区。北京市焦化厂、碳化厂、陶瓷厂和印染厂都位于该处。工业生产过程中大量的煤炭燃烧不可避免地会排放大量多环芳烃，由于稀释作用，这些多环芳烃大多会累积到附近的土壤中。例如，焦化厂中土壤多环芳烃浓度高达 13 141μg/kg，为全城最高，是北京市平均浓度的 10 倍。焦化厂隔壁的工业技术学院土壤中多环芳烃浓度也高达 3252μg/kg，远高于平均浓度。

第二个高浓度区域为北京市最古老的居民区胡同。3 个胡同土壤多环芳烃浓度分别为 11 705μg/kg、3242μg/kg 和 2946μg/kg。胡同自 600 年前就开始作为古代官邸，现在则被现代化高楼环绕。数个世纪的燃煤做饭和取暖造成了该地区较高的多环芳烃浓度水平。

第三个高浓度区域为北京市科教园区。学校中高浓度的土壤多环芳烃残留首先是由于此次采样集中在北京市五环线内，位于人口密集的城市核心区域，高强度的交通和居民活动带来较高的多环芳烃输入。其次学校作为一个独立的单位需要支持大量的学生和教职工在其中生活，需要消耗大量的能量（煤和油）来进行冬季供暖和食物供应，而化石燃料燃烧过程正是多环芳烃产生的过程。最后由于北京市科教园区中各个大学、科研院所和中小学的历史悠久，多数学校历史超过 50 年。而学校环境较为稳定，土壤中高浓度的多环芳烃可能经由数十年甚至上百年缓慢累积而来。

胡同现在已经成为全世界的旅游胜地，而学校则有累计超过百万的学生与教职工生活在其中。因此关于这两个敏感区域中的多环芳烃，辨别其来源和潜在风险十分重要。

2.2.2.4 土地利用与多环芳烃累积关系

不同土地利用类型土壤中 16 种多环芳烃总浓度见图 2-6，工业区土壤中总多

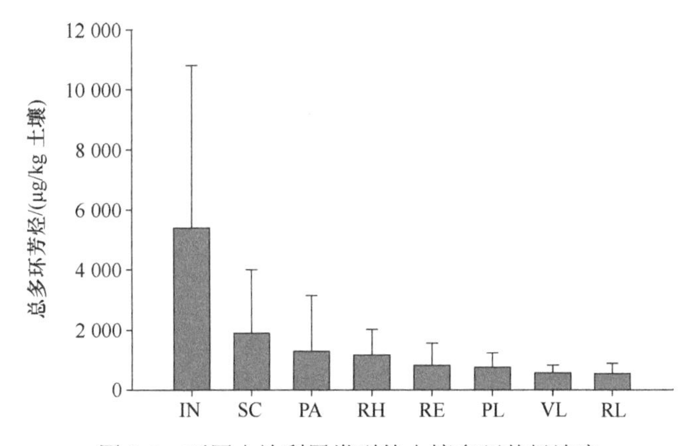

图 2-6 不同土地利用类型的土壤多环芳烃浓度

IN. 工业区；SC. 学校；PA. 公园；RH. 拥挤路段；RE. 居民区；PL. 种植园；VL. 空地；RL. 不拥挤路段

环芳烃平均值高达 4768μg/kg，说明点源会强烈影响到周围土壤的污染物浓度。即使在同一种土地利用类型下，多环芳烃浓度的变异性也很大。这说明多环芳烃浓度还受到其他因素的影响，如土壤历史、植被覆盖、土壤性质和土壤微生物活性等。

2 个污水处理厂中的土壤多环芳烃浓度仅为 406μg/kg 和 378μg/kg。虽然同为工业区类型，污水处理厂中明显没有燃烧过程，因此也不会有多环芳烃点源存在。在去掉这 2 个点的数据之后，工业区多环芳烃含量是学校区的 3 倍、是其他土地利用类型土壤的 5～12 倍。北京焦化厂和碳化厂土壤多环芳烃浓度均超过了 10 000μg/kg，如此之高的多环芳烃浓度已经可能威胁到附近人群的健康。

交通排放也是多环芳烃重要的来源，如图 2-6 所示，拥挤路段边土壤多环芳烃浓度显著高于不拥挤路段。公路绿化带会阻碍汽车尾气向公路以外的区域扩散，因此公路源多环芳烃多累积到公路两边，从而形成线源。同时，点源排放的多环芳烃则多随风向而沉降于点源附近区域。点源和线源不同的沉降模式构成了城市土壤多环芳烃分布的总体轮廓。林地和空地多存在于城市边缘地带，其浓度也较低。但是，如果排除工业区数据，方差分析结果显示其余土地利用类型土壤多环芳烃浓度不存在明显差异。这说明点源带来的数据变异性远大于其他与土地利用相关的因素，如交通源分布、人口密度和距城市中心的距离等。

不同源排放的多环芳烃组分构成不尽相同。在类似北京这样的大都市中，既有点源也有线源，它们广泛分布于整个城市。理论上，多环芳烃的组分构成应该会随着土地类型改变而变化。但是结果显示不同土地类型土壤中各个多环芳烃组分相对总浓度的贡献值遵循相同的模式（图 2-7）。相关性分析结果也显示 16 种多环芳烃组分之间具有极强的相关性（表 2-4）。这说明不同土地利用类型土壤受到

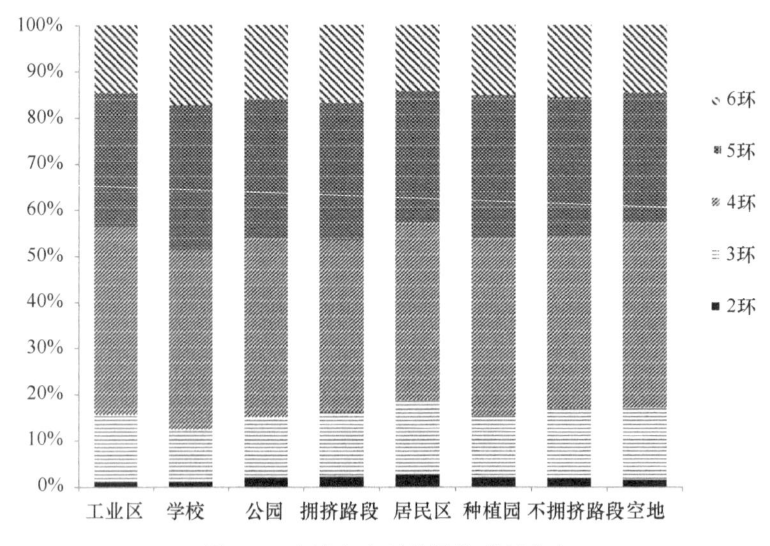

图 2-7　土壤中多环芳烃的碳环分布

表 2-4 人口密度、pH 与多环芳烃的相关性

	人口密度[a]	pH	NAP	ACPY	ACP	FLU	PHE	ANT	FLT	PYR	BaA	CHR	BbF	BkF	BaP	IND	DBA	BghiP
NAP	0.135	−0.047	1															
ACPY	−0.072	−0.052	0.765**	1														
ACP	−0.125	0.027	0.649**	0.917**	1													
FLU	−0.043	0.017	0.634**	0.926**	0.940**	1												
PHE	−0.031	−0.012	0.693**	0.942**	0.924**	0.968**	1											
ANT	−0.111	0.015	0.638**	0.956**	0.959**	0.971**	0.948**	1										
FLT	−0.082	−0.021	0.645**	0.945**	0.908**	0.938**	0.980**	0.955**	1									
PYR	−0.085	−0.018	0.643**	0.948**	0.914**	0.941**	0.976**	0.963**	0.999**	1								
BaA	−0.101	−0.018	0.671**	0.949**	0.918**	0.919**	0.969**	0.948**	0.994**	0.994**	1							
CHR	−0.079	−0.027	0.675**	0.954**	0.920**	0.935**	0.974**	0.959**	0.995**	0.996**	0.996**	1						
BbF	−0.07	−0.034	0.700**	0.948**	0.900**	0.904**	0.966**	0.929**	0.988**	0.986**	0.996**	0.993**	1					
BkF	−0.08	−0.037	0.698**	0.950**	0.907**	0.907**	0.967**	0.935**	0.989**	0.988**	0.997**	0.994**	0.999**	1				
BaP	−0.079	−0.021	0.683**	0.942**	0.900**	0.901**	0.959**	0.928**	0.984**	0.983**	0.994**	0.988**	0.997**	0.996**	1			
IND	−0.062	−0.024	0.703**	0.936**	0.871**	0.878**	0.948**	0.906**	0.974**	0.972**	0.984**	0.978**	0.994**	0.991**	0.996**	1		
DBA	−0.097	−0.02	0.718**	0.956**	0.914**	0.899**	0.955**	0.937**	0.979**	0.979**	0.993**	0.987**	0.995**	0.995**	0.995**	0.992**	1	
BghiP	−0.07	−0.029	0.713**	0.946**	0.892**	0.890**	0.957**	0.921**	0.979**	0.978**	0.990**	0.984**	0.996**	0.995**	0.996**	0.998**	0.996**	1

注：**. 相关性的显著水平达到 0.01 水平（双侧）；a.街道规模人口密度数据来源于北京市 2000 年人口普查数据

相同混合源的多环芳烃沉降。这可能是因为从不同的源排放的多环芳烃会在城市上空进行混合，工业排放、交通排放和供暖排放的多环芳烃一起在城市上空形成了背景沉降。

2.2.2.5 植被覆盖与多环芳烃累积关系

如图 2-8a 所示，16 种多环芳烃在不同植被覆盖土壤中总浓度为林灌草（1782μg/kg）>狭长绿化带（1117μg/kg）>林地（1101μg /kg）>草地（455μg/kg）。林灌草和林地土壤中多环芳烃浓度是草地土壤的 2～3 倍（$p<0.05$）。但接近一个强点源时，植被覆盖带来的浓度区别可能会被点源的影响掩盖。同时由于除工业区以外其余土地利用类型中土壤多环芳烃不存在显著差异性，所以排除工业区数据之后，更可以看出植被覆盖对土壤多环芳烃的影响，结果见图 2-8b。有乔木覆盖的土壤多环芳烃是草地的 2 倍。乔木拥有更高的垂直结构，可以捕捉更多的空气中的有机污染物，并使之沉降至土壤中。而草地经常性的修剪和维护会带来额外的多环芳烃输出。因此在各种植被覆盖中草地多环芳烃的浓度含量最低。

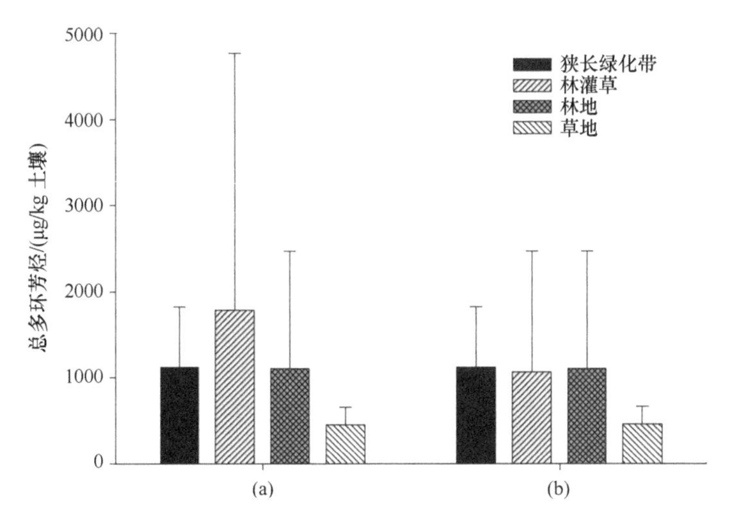

图 2-8 不同植被覆盖土壤中多环芳烃浓度的均值和标准差

（a）所有相关数据（97 个样本点）；（b）排除工业区的样本点（90 个样本点）

城市绿地富集空气中的污染物，改善了城市大气环境，但提高了其本身土壤污染物浓度。绿地土壤中高浓度的多环芳烃残留可能会对经常去城市绿地的人群和绿地生态系统造成威胁。

2.2.2.6 城市化进程与多环芳烃累积关系

城市化历史和人口密度被认为会影响土壤多环芳烃浓度。北京在过去几十年中以紫禁城为中心向外扩展，我们以北京环线为分界线，将北京分为 4 个区域，每个区域代表着北京市不同的城市化阶段。如图 2-9 所示，每个区域土壤中的多环芳烃含量差异并不显著。在城市内部区域，土壤多环芳烃多来源于长期历史作用，而城市外围则来源于新加入的交通源和工业源排放。因为同心环线外围的面积显然大于内环线包围的面积，这说明北京新城区多环芳烃产生量超过旧城区。

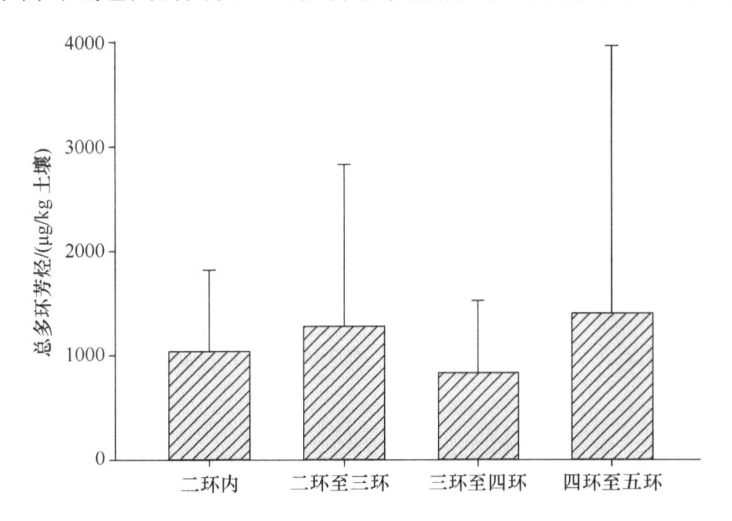

图 2-9 北京同心环线分隔区内多环芳烃浓度的均值和标准差

有研究显示多环芳烃含量与人口密度相关（Liu et al.，2008；Hafner et al.，2005），但这些研究对比的是不同的区域或城市中的结果。在此，我们分析了同一个城市中，多环芳烃浓度分布与人口密度分布之间的关系，结果见表 2-4。没有相关性说明城市居民日常活动对多环芳烃贡献较小。点源和线源对多环芳烃分布的影响远大于居民供暖和做饭等排放的影响。供暖为季节性行为，而做饭时老式的燃煤已经改为了天然气，同时居民区分散在整个城市中，因此与居民相关的排放源贡献的多环芳烃可以看成是增强了多环芳烃在整个北京市的背景沉降。

2.2.2.7 土壤性质与多环芳烃累积关系

北京市土壤有机质含量为 0.42%～5.96%。回归分析结果显示有机质与多环芳烃含量显著相关（$p<0.01$，图 2-10a）。但从决定系数来看，土壤有机质仅解释了不到 10%的数据方差。在去掉 11 个浓度大于 2000μg/kg、明显被非有机质的因素影响的数据点之后，其决定系数从 9.4%上升到了 14.6%（图 2-10b）。这说明土壤有机质虽然影响到了多环芳烃在土壤中的累积，但并不是决定因素。

北京市土壤 pH 范围为 7.19～8.31。回归分析结果发现土壤多环芳烃含量与 pH 没有相关性（表 2-4）。多环芳烃为非极性有机污染物，pH 小范围的变动显然影响不了多环芳烃在土壤中的迁移能力。

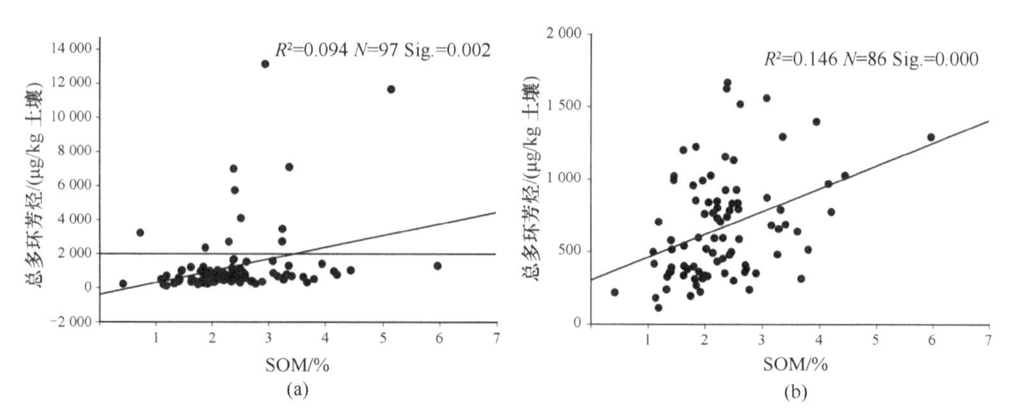

图 2-10　土壤有机质（SOM）和总多环芳烃含量的线性回归

（a）全部采样数据（97 个样点）；（b）剔除总多环芳烃>异常值 2000μg/kg（86 个样点）

2.3　城市化对土壤净化功能的影响

2.3.1　采样分析、影响因素指标选取和模型构建

2.3.1.1　样点分布及样品采集

根据北京市地理空间和历史发展特征，以环线快速路为分界线，将研究区分为四环到五环、三环到四环、二环到三环，以及二环内的中心城区 4 个区域。根据每个区域的地理方位及空间面积，以主干道为分界线，将研究区进一步划分为 39 个子区域，即包含了四环至五环之间的 15 个子区、三环到四环之间的 12 个子区、二环至三环之间的 8 个子区、二环以内市中心城区的 4 个子区。在不同的区域内分别选取不同的样点进行土壤样品采集，具体布点方法如下所述。

基于 Google Earth 遥感影像，选择建成区内居民区土地利用类型，根据样点的均匀性和代表性原则，按照各子区域内居民区的建成年数，结合不同小区的客观情况，在研究区每个子区域分别选取 2～5 个居民区采样点，如图 2-11 所示，最终共确定 115 个土壤采样点，分别记录其经纬度坐标。

土壤样品采集于 2014 年 9 月，在每个居民区 10m×10m 的样方范围内，分别在中心点与四角各自选取子样点 5 个，采集 0～20cm 的表层土壤，在野外将子样品均匀混合，通过四分法，共采集 1kg 左右的土壤样品。将采集的样品过 2cm 筛，除去其中的根茎等杂物，过筛后约取 1/4 样品用于土壤含水量及微生物的培养与测定实验，剩余部分置于晾土室内的阴凉通风处进行自然风干。取风干后一半土样进行土壤物理性质及土壤酶活等指标的测定，剩余土样再次过 0.149cm×0.149cm 塑料筛，用于化学性质及土壤重金属等指标的测定。

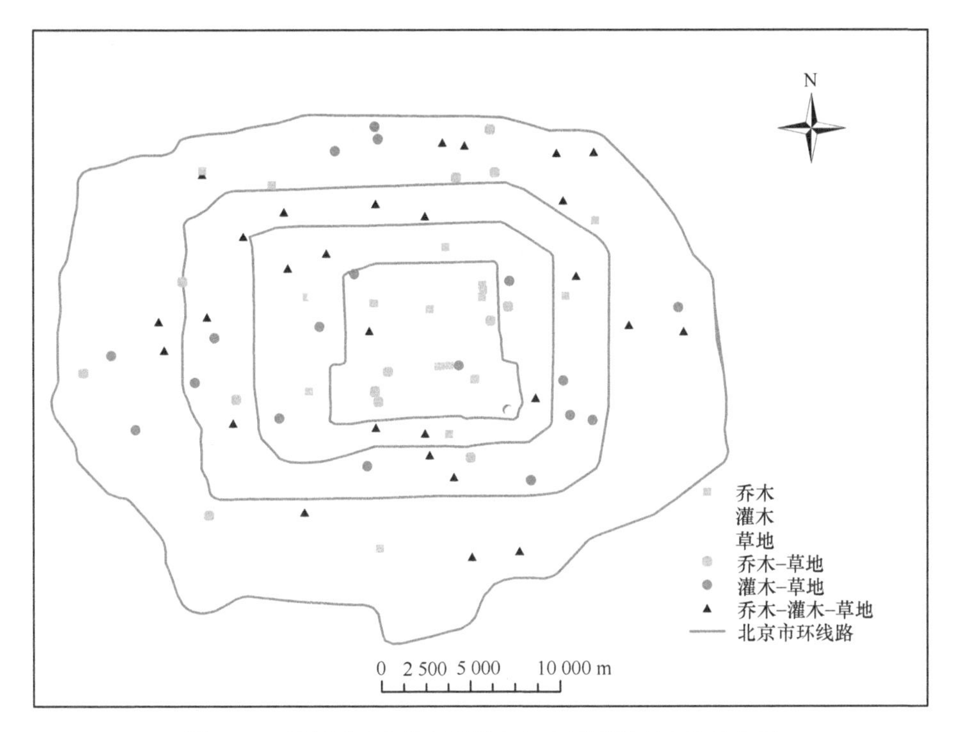

图 2-11 研究区（北京市五环内）土壤采样点空间分布图

2.3.1.2 土壤理化和微生物指标分析

使用环刀法和烘干处理分析土壤容重和含水量，利用激光粒度衍射仪测定土壤样品粒径。将土壤样品和去离子水按照质量体积比 1∶2.5 混合振荡后，取上清液，pH 计测得土壤样品的 pH。利用乙酸钠浸提法，使用 ICP-OES 测定土壤溶液的阳离子含量，即为土壤阳离子交换量。用元素分析仪测定土壤总碳和总氮含量。土壤有机碳通过盐酸溶液预处理，取预处理土壤利用元素分析仪测定。土壤微生物指标中，通过 NaOH 吸收的有机碳分解释放的 CO_2 测定土壤的矿化碳的能力；微生物量碳结合氯仿熏蒸法和总有机碳分析仪测定的样品溶液中的碳计算得出；土壤脲酶使用苯酚-次氯酸钠比色法，通过酶标仪分析结果和氮的标准溶液浓度绘制的标准曲线进行测算；土壤芳香硫酸酯酶活性使用 NaOH-$CaCl_2$ 比色法测定；土壤碱性磷酸酶活性使用氯代二溴对苯醌亚胺比色法进行测定。

2.3.1.3 城市化和景观指标数据收集

本节旨在研究城市化对土壤净化功能的影响，通过选取相关的城市化指标和景观指标以表征不同居民区的不同城市化程度。本研究中拟选取的城市化因子包括各居民区的建成年数、距市中心的距离、人口密度、附近主干道的交通流量、停车位密度、人均居住面积、容积率、单位面积房价及单位面积物业管理费。选取的景观因子共包括居民区道路密度、建筑物密度、采样点距离建筑物的距离、建筑物高度、交通流量、居民区绿地面积、绿地面积比例及不透水地表面积比例。本研究通过样地现场实地调查、查阅文本资料及解析空间地图的方式获得相关的数据。

2.3.1.4 数据处理

1）空间数据处理

本研究通过对 IKONOS 遥感影像进行大气校正、正射校正、拼接与剪切等预处理，将影像解译为 4 种土地覆盖类型及 9 种土地利用类型，其中，土地覆盖类型包括绿地、不透水地表、水体及裸地；土地利用类型则包括居民区用地、工矿用地、农用地、商业用地、公园或林地、公共用地（包括公共设施，如医院、学校、市政单位等）、交通用地、水体及未利用土地。

人口数据以乡镇街道人口普查数据为准。为实现与其他空间数据在空间上的对应，利用 ArcGIS10.0，将街道人口普查数据在研究区街道社区划分底图上进行空间化展示，划分街道社区内土地利用类型，通过样点居民区面积占街道全部居民区用地面积的比例，从而计算样点居民区的人口密度。

2）土壤自然消减能力评价模型

土壤生态系统服务功能是土壤生态系统物理、化学和生物特征的综合反映（Faber and van Wensem，2012），是衡量土壤健康程度的重要标准。作为土壤重要的生态服务功能，土壤自然消减能力涉及了多个不同的生态过程和土壤过程，包括土壤颗粒对土壤污染物的吸附固定及转化降解等一系列过程（Rittmann，2004）。土壤相应的生态过程可以由土壤的物理、化学及微生物性质进行定量评价，然而如何建立土壤生态过程与相应的土壤特征因子之间的定量关系，是完善土壤生态服务功能，尤其是土壤自然定量评价体系的关键。Rutgers 等（2012）提出的 EPX（ecosystem-service performance index）模型，为评价相应生态系统服务功能提供了较为有效的工具。其数学公式为

$$\mathrm{EPX}=10^{-\left|\frac{\left|\log_{10}\left(\frac{\mathrm{VAR}_{\mathrm{obs}}^{i}}{\mathrm{VAR}_{\mathrm{ref}}^{i}}\right)\right|+\left|\log_{10}\left(\frac{\mathrm{VAR}_{\mathrm{obs}}^{i+1}}{\mathrm{VAR}_{\mathrm{ref}}^{i+1}}\right)\right|+\cdots+\left|\log_{10}\left(\frac{\mathrm{VAR}_{\mathrm{obs}}^{j}}{\mathrm{VAR}_{\mathrm{ref}}^{j}}\right)\right|}{n}\right|} \tag{2.1}$$

式中，VAR 为土壤相关的生态系统服务功能的土壤因子；下标 obs 和 ref 分别为各个影响因子的测量值与参考值；i 为效益型指标，代表该指标对于自然消减能力的发挥具有积极的贡献；j 为成本型指标，代表该指标对于自然消减能力的发挥具

有相反的作用。参考值代表了每个因子的“最大的生态潜力”（MEP），通常来说，参考值的选取可单独设置或者由专家打分确定。此外，n 为选取的土壤指标的个数。

本研究选取了 11 个涵盖土壤物理、化学和微生物因子的土壤指标，构建了适用于北京市的土壤自然消减能力模型，用以量化评价北京市城市居民区土壤自然消减能力，模型公式如下：

$$EPX = 10^{a}$$

$$\begin{aligned} a = -\Bigg[& w_1 \left|\log_{10}\left(\frac{\mathrm{BD_{obs}}}{\mathrm{BD_{min}}}\right)\right| + w_2 \left|\log_{10}\left(\frac{\mathrm{pH_{obs}}}{\mathrm{pH_{max}}}\right)\right| + w_3 \left|\log_{10}\left(\frac{\mathrm{SOM_{obs}}}{\mathrm{SOM_{max}}}\right)\right| \\ & + w_4 \left|\log_{10}\left(\frac{\mathrm{Clay_{obs}}}{\mathrm{Clay_{max}}}\right)\right| + w_5 \left|\log_{10}\left(\frac{\mathrm{CEC_{obs}}}{\mathrm{CEC_{max}}}\right)\right| w_6 \left|\log_{10}\left(\frac{\mathrm{MBC_{obs}}}{\mathrm{MBC_{max}}}\right)\right| \\ & + w_7 \left|\log_{10}\left(\frac{\mathrm{MC_{obs}}}{\mathrm{MC_{max}}}\right)\right| + w_8 \left|\log_{10}\left(\frac{\mathrm{URE_{obs}}}{\mathrm{URE_{max}}}\right)\right| + w_9 \left|\log_{10}\left(\frac{\mathrm{ARY_{obs}}}{\mathrm{ARY_{max}}}\right)\right| \\ & + w_{10} \left|\log_{10}\left(\frac{\mathrm{ALP_{obs}}}{\mathrm{ALP_{max}}}\right)\right| + w_{11} \left|\log_{10}\left(\frac{\mathrm{AWCD_{obs}}}{\mathrm{AWCD_{max}}}\right)\right| \Bigg] \end{aligned} \tag{2.2}$$

式中，BD 为土壤容重；pH 为酸碱值；SOM 为有机质含量；Clay 为黏粒含量；CEC 为阳离子交换量；MBC 为微生物碳量；MC 为矿化碳；URE 为土壤脲酶；ARY 为芳香硫酸酯酶；ALP 为碱性磷酸酶；AWCD 为 Biolog-ECO 板每孔颜色平均变化率；w_1～w_{11} 为 11 个指标的权重，通过熵值法进行计算（Xie et al.，2018b）。

3）土壤自然消减能力拟合动力学分析

一级动力学模型 BoxLucas1 函数被广泛用于化学反应的拟合，该模型同样被证实适用于生态学研究（Mohanty et al.，2018）。本研究使用该模型探讨城市化过程对城市土壤自然消减能力的影响机制。动力学模型 BoxLucas1 函数的表达式如公式（2.3）所示：

$$y = a[1 - \exp(-bx)] \tag{2.3}$$

式中，y 为土壤自然消减能力；x 为所选择的城市化因子；a 和 b 则分别为函数的趋势系数和土壤自然消减能力的变化率。只有在 0.05 水平上显著的城市化因子最终被用于土壤自然消减能力的拟合。不遵循正态分布的城市化因子通过对数转化以实现数据的标准化。

4）数据空间分析及统计分析

本研究通过 ArcGIS 的地理统计分析功能对土壤自然消减能力在空间格局上进行分析。首先，对土壤自然消减能力的数据正态分布进行验证，本研究中的两组数据均服从正态分布。其中，对土壤自然消减能力的插值分析，选用普通克里金插值法。在半变异函数中选取“指数”算法和各向异性模式对土壤自然消减能力进行插值。按照 25%、50%、25%的比例，将插值的值域划分为 3 个几何区间。在空间分析的交叉验证中，通过每次单独对单一数据反复删除的方式，对模型的精度进行调整，从而获得最优的空间差值模型。最优模型遵循如下指标：标准平均值最接近 0，均方根预测差最小，平均标准误差最接近均方误差，标准均方根预测差最接近 1。空间统计学分析及空间的数据分析均通过 ArcGIS10.1 实现。

此外，使用 Matlab8.0 分别进行土壤自然消减能力的权重分配和定量评价、土壤自然消减能力多元线性定量回归模型中因子的筛选及相应模型的构建。利用 SPSS20.0 分别完成 Kolmogorov-Smirnov 检验（K-S 检验）、Spearman 相关分析、偏相关分析及方差分析，其中 K-S 检验用以检验土壤物理、化学及微生物因子、城市化因子和土壤自然消减能力值对正态分布的服从性；Spearman 相关分析用以检验土壤物理、化学及微生物因子之间的相关关系，以及自然消减能力与相应的城市化指标、土壤因子和景观指标之间的相关关系。通过 OriginPro8.0 实现土壤自然消减能力与城市社会经济指标的动力学曲线定量拟合。

2.3.2 土壤特征及其在自然消减能力评价体系中的权重

北京市建成区居民区内土壤物理、化学和微生物性质及其在土壤自然消减能力的评价体系中对应的权重如表 2-5 所示。

表 2-5 研究区居民区土壤因子与自然消减能力概况

	BD	pH	SOM	Clay	CEC	MBC
最小值	1.12g/cm	7.98	0.500%	1.06%	23.5cmol/kg	21.6mg/kg
最大值	1.66g/cm	8.84	5.20%	9.14%	41.3cmol/kg	687mg/kg
平均值	1.44g/cm	8.44	1.99%	2.94%	33.5cmol/kg	186mg/kg
变异系数（%）	7.36	1.98	51.7	43.5	9.41	60.5
权重	0.172	0.094	0.118	0.099	0.058	0.039

	MC	URE	ARY	ALP	AWCD	NAC
最小值	0.092mg/kg	181mg/(g·3h)	13.8μg/(g·3h)	471.0μg/(g·h)	0.146	0.381
最大值	0.605mg/kg	6025mg/(g·3h)	131μg/(g·3h)	1448μg/(g·h)	0.916	0.652
平均值	0.295mg/kg	1831mg/(g·3h)	76.0μg/(g·3h)	1023μg/(g·h)	0.371	0.499
变异系数（%）	40.2	62.8	32.3	22.40	38.8	10.9
权重	0.106	0.0486	0.045	0.091	0.125	1.000

注：BD 代表土壤容重；SOM 代表土壤有机质；Clay 代表黏粒含量；CEC 代表阳离子交换量；MBC 代表微生物量碳；MC 代表矿化碳；URE 代表脲酶活性；ARY 代表芳香硫酸酯酶活性；ALP 代表碱性磷酸酶活性；AWCD 代表每孔颜色平均变化率；NAC 代表土壤自然消减能力

根据熵权法，本节分别对相应土壤指标的权重进行计算，不同指标权重系数从 0.039～0.172 不等。按照从高到低的排列顺序，依次为土壤容重>每孔颜色平均变化率>土壤有机质>矿化碳>黏粒含量>pH>碱性磷酸酶活性>阳离子交换量>脲酶活性>芳香硫酸酯酶活性>微生物量碳。其中，前 4 个因子的权重值均高于 0.1，但在研究区内，如第 4 章所述，仅有土壤容重分布较为均匀。此外，部分土壤微生物因子，如脲酶活性、芳香硫酸酯酶活性及微生物量碳则具有相对较低的权重系数。

不同的土壤因子，在土壤自然消减能力中发挥着不同程度的作用。在人口活动强度剧烈的城市区域的土壤容重显著高于未受人类活动干扰的自然土壤。而土壤容重的增加可以改变土壤系统内一系列的生物和化学过程，从而影响着土壤的生态系统服务功能的正常运转。因此，尤其是在城市生态系统中，首先，土壤容重在土壤发挥自然消减能力的过程中扮演着重要的角色，应具有很高的权重值。其次，土壤微生物代谢活性通常被视为土壤生态系统提供各种生态系统服务的关键因子（Griffiths et al.，2000），在特定的土壤过程中，不同土壤酶的活性强弱通常与相应污染物的降解能力密切相关。每孔颜色平均变化率能够在本研究区内居民区土壤自然消减能力的评价体系中提供更多的有效信息。因而，每孔颜色平均变化率具有较高的权重系数。研究结果同时表明在该评价体系内，微生物功能群落多样性较单一的土壤酶活及微生物量碳扮演着更加重要的角色。另外，在土壤自然消减能力的评价体系中，土壤化学性质中土壤有机质的含量被赋予了最高的权重值。大量的研究表明，土壤有机质对于固定和降解土壤污染物具有重要的作用（Hagan et al.，2010）。尤其是对于土壤重金属的污染，土壤有机质可以显著降低土壤中重金属的有效性。因此，土壤有机质在相应的土壤生态服务功能的评价中通常被视为极其重要的土壤指标（Wang et al.，2013）。最后，土壤 pH 作为土壤环境的关键因子，通常能够改变土壤重金属的活性与有效性（Sébastien，2000）。然而在碱性条件下，土壤对重金属的吸附效应显著低于在酸性条件下的效应（Zhang and Song，2005）。在本研究区内，土壤大多处于碱性的环境中。因此，偏碱性的 pH 并不对研究区内土壤生态服务功能产生重要的影响。综上所述，土壤容重、每孔颜色平均变化率及有机质含量在土壤自然消减能力的定量评价模型中，与其他土壤因子相比，具有更高的权重。

2.3.3 土壤自然消减能力的空间分布

如表 2-5 所示，北京市建成区居民区土壤自然消减能力分布范围为 0.381～0.652，其变异系数为 10.9%，表明土壤自然消减能力在整个研究区内具有一定程度的波动。研究区内居民区土壤自然消减能力的空间分布如图 2-12 所示。其中，按照土壤自然消减能力值的高低，研究区被划分为具有最高自然消减能力的 25%，中等程度的 50%及最低的 25% 3 类区域类型。其中，土壤自然消减能力最高的区域位于北京市四环内的北部区域及东五环内的部分区域。然而土壤自然消减能力最低的区域位于研究区的西南角，此处为北京市建成区内经济相对欠发达的地区。

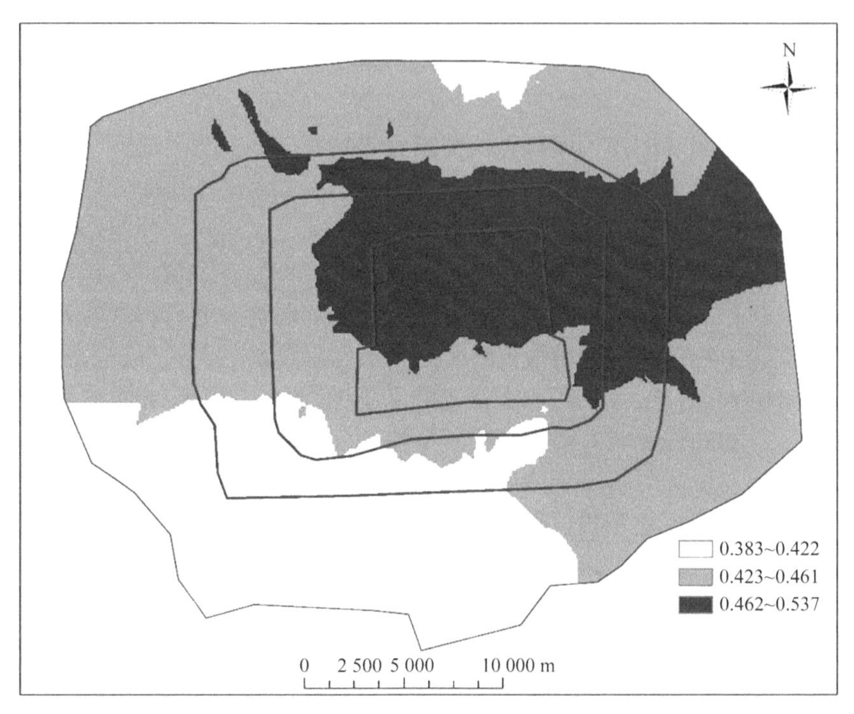

图 2-12 北京市五环内居民区土壤自然消减能力的空间分布格局

如图 2-12 所示，按照土壤自然消减能力的高低划分的三部分区域恰好与研究区内不同的城市化程度相对应。如本节所述，本研究区内，土壤生态系统服务模型的指标中微生物指标对于土壤自然消减能力具有重要的作用。与未受污染的土壤相比，受到人为活动干扰的土壤通常具有更强的恢复力（Griffiths et al.，2000）。北京市建成区内最为发达的区域的土壤受到的人为活动干扰明显强于研究区内经济欠发达区域，前者受到的污染也相对更为严重（Wang et al.，2012）。这一现状解释了土壤自然消减能力的空间分布差异与城市化发展水平强弱高度吻合的现象，这是由土壤恢复力的强弱造成的。

2.3.4 城市化过程对土壤自然消减能力的影响

2.3.4.1 城市化社会经济指标与土壤自然消减能力的相关性

研究区内居民区的城市化社会经济指标统计概况如表 2-6 所示。在所有城市化选取的因子中，除交通流量外，其他因子均具有较高的变异系数，表明研究区各个居民社区之间的社会经济水平差异较大。尤其是人口密度、车位密度及建筑密度在不同居民区之间差异最为明显，相应的变异系数均超过 60%。

表 2-6　居民区城市化社会经济指标概况

城市化社会经济指标	Age（年）	Distance（km）	PD（万人/km²）	Traffic（万辆/日）	ISP（%）	PS（%）	RD（%）	CD（%）	LS（m²/人）	PR（—）	HP（元）	PMF（元）
最小值	4.00	1.36	0.460	18.7	3.08	0.08	1.03	2.02	13.2	0.32	2.40	0.40
最大值	36.0	12.8	7.71	24.4	99.7	6.29	70.2	66.5	60.3	7.00	16.0	10.0
平均值	18.5	6.96	2.01	21.4	52.2	11.2	31.7	20.5	29.7	2.28	8.59	5.03
变异系数（%）	54.1	46.2	62.3	7.15	51.9	99.7	50.1	76.2	33.7	44.4	29.7	36.4

注：Age 代表居民区建成年数；Distance 代表距市中心距离；PD 代表居民区人口密度；Traffic 代表附近主干道的交通流量；ISP 代表不透水地表率；PS 代表停车位密度；RD 代表道路密度；CD 代表建筑物密度；LS 代表人均建筑面积；PR 代表容积率；HP 代表单位面积房价；PMF 代表物业管理费。“—”表示无单位

土壤自然消减能力与城市化社会经济指标之间的 Spearman 相关分析的结果如表 2-7 所示。结果表明土壤自然消减能力与居民区建成年数、人口密度、距市中心距离及物业管理费呈显著正相关关系，而与道路密度、建筑密度及容积率呈显著的负相关关系。Spearman 相关分析的结果表明城市居民区土壤自然消减能力与城市化发展程度密切相关。

表 2-7　居民区城市化社会经济因子与自然消减能力之间的关系

城市化社会经济指标	Age	Distance	PD	Traffic	ISP	PS
NAC	**0.344****	**0.189***	**0.195***	0.390	0.162	0.166
城市化社会经济指标	RD	CD	LS	PR	HP	PMF
NAC	–0.436**	–0.207*	–0.240	–0.282**	0.150	0.214*

注：**表示在 0.01 水平上显著相关，*表示在 0.05 水平上显著相关，加粗代表具有显著的相关性。NAC 为土壤自然消减能力；Age 代表居民区建成年数；Distance 代表距市中心距离；PD 代表居民区人口密度；Traffic 代表附近主干道的交通流量；ISP 代表不透水地表率；PS 代表停车位密度；RD 代表道路密度；CD 代表建筑物密度；LS 代表人均建筑面积；PR 代表容积率；HP 代表单位面积房价；PMF 代表物业管理费

2.3.4.2　城市化社会经济指标与土壤自然消减能力动力学拟合分析

根据动力学 BoxLucas1 函数，本节对研究区内居民区土壤自然消减能力与城市化社会经济因子进一步进行了拟合。如表 2-7 和表 2-8 所示，土壤自然消减能力可以分别通过居民区建成年数、人口密度或物业管理费进行动力学拟合，表明相关城市社会经济指标对城市土壤的自然消减能力具有显著的影响。如图 2-13 所示，

表 2-8　土壤自然消减能力与城市化因子的定量关系拟合参数

x	a	b	调整决定系数（adjusted R^2）	p
Age	0.510	0.33	0.104	<0.000
PD	0.504	5.41E-4	0.027	<0.000
PMF	0.500	2.19	0.059	<0.000

注：Age 代表居民区建成年数；PD 代表居民区人口密度；PMF 代表物业管理费

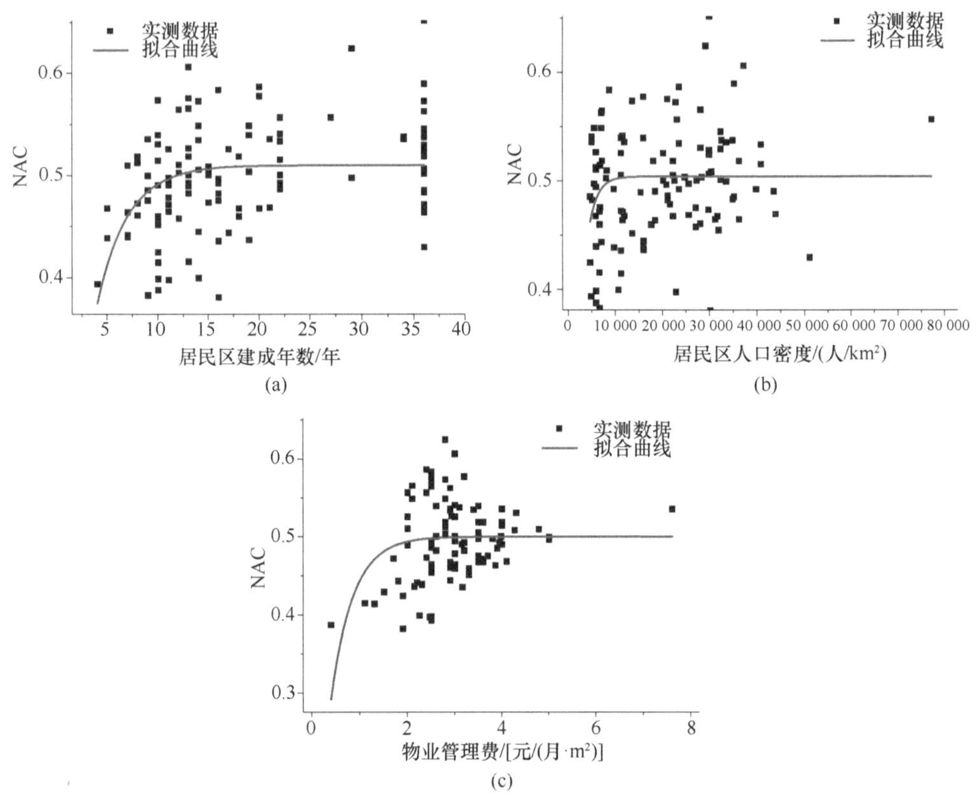

图 2-13 居民区土壤自然消减能力与城市化社会经济指标的拟合曲线

（a）居民区建成年数；（b）居民区人口密度；（c）物业管理费

本研究通过不同的城市化指标的拟合，发现在不同的城市化情景下，即当居民区建成年数增至 15 年，人口密度达到 1.2 万人/km^2，或者物业管理费达到 3 元/m^2 时，居民区土壤自然消减能力最终均可达到最大值(约为 0.5)，并能够保持稳定的状态。

本研究中居民区内土壤自然消减能力的空间分布、土壤自然消减能力与城市化社会经济指标之间的 Spearman 相关分析和回归分析的结果均表明经历更长的发展时间，且同时受到更高强度的城市化干扰的居民区土壤通常具有更高的自然消减能力。

2.3.4.3 城市化社会经济指标与土壤自然消减能力多元线性拟合分析

根据多元线性拟合方法，通过城市化社会经济指标对土壤自然消减能力进行定量回归拟合分析，从而建立相应的多元线性回归模型，如公式（2.4）所示：

$$\begin{aligned}\log(\text{NAC}) = &-0.054\times\log(\text{Age})+0.146\times\log(\text{RD})\\&+0.017\times\log(\text{PMF})-0.203\end{aligned} \tag{2.4}$$

式中，NAC 为土壤自然消减能力；Age 为居民区建成年数；RD 为道路密度；PMF

为物业管理费；该模型调整后的 R^2 为 35.6%。

在土壤自然消减能力的多元线性回归模型的预测因子的筛选中，居民区建成年数、道路密度及物业管理费能在 0.05 水平上显著影响土壤的自然消减能力，是最具解释力的城市社会经济因子。根据模型预测变量的方差膨胀因子（variance inflation factor，VIF）可知，选取的预测因子之间并不存在明显的共线性（VIF＜10）。因此，所选取的因子可用以预测和表征相应的土壤功能。

2.4 城市土壤生态风险评价

2.4.1 城市土壤生态功能

土壤作为生态系统的重要组成部分，为人类提供了各种福祉。土壤功能的健康是衡量一个国家经济繁荣水平的重要标准之一（Daily et al.，1997）。当前学者们对土壤生态服务功能提出了不同的框架，其中，与社会经济参数相联系的框架，如 Turner 和 Daily（2008）提出的由问题识别、价值评估、政策制定、资产构建及资产再评估等几个方面组成的框架；以及欧洲防止和修复土壤退化（RECARE）项目提出的基于土壤生态服务功能的适应性框架（Schwilch et al.，2016）。此外，Robinson 等（2013）提出的土壤框架则着重强调了土壤圈中整个生态系统供应链的最终产物和服务功能。

由于环境胁迫与土壤管理措施会影响到土壤生物与土壤物理化学环境之间的相互作用，从而影响土壤健康及土壤生态系统服务功能。譬如，化学胁迫及土地利用类型变化会对土壤生物多样性和土壤肥力、土壤健康产生影响，这些影响是导致土壤生物栖息地质量下降的驱动力，使土壤正常生态过程和废物吸收同化及脱毒功能难以维持。相反，可持续的和资源高效利用的管理措施能够促进土壤物理化学质量提升，从而有利于提高土壤生物生产力，如土壤有机质含量的增加能够增加土壤肥力和产量，增加土壤持水能力（抑制土壤侵蚀）、通气性及提升其他土壤物理性质。因此，可以通过一系列关键生态指标建立土壤生态脆弱性基准或土壤质量基准，并以此为基础评估土壤生态系统对外界胁迫的相对易感性及土壤生态系统服务功能受到不良影响的程度。

城市土壤生态系统服务功能首先是调节功能，其次是文化功能，最后才是支持功能，其中调节功能中以水分涵养、污染物与养分过滤、废弃物和污染物脱毒与转化及气温调节功能最为重要。城市土壤生态系统服务功能的支持功能主要包括支持植物生长与物理支持；城市土壤的文化功能非常重要，但是至今为止有关土壤文化功能的研究报道较少见。从表 2-9 中可以看出，每一项城市土壤生态系统服务功能是土壤生物及其物理化学环境相互作用的结果，因此包含了相应的土壤

表 2-9　城市土壤生态风险评价中的生态系统服务功能评价终点

生态系统服务功能		土壤生态系统过程、结构、性质	替代性土壤参数
支持功能	植物生长	土壤养分循环	凋落物生物量流失率、有效磷、可交换钾、微生物量和活性、土壤呼吸率、脲酶活性、根瘤菌感染率、芳香硫酸酯酶活性、总氮、C/N、有机碳、总磷
		土壤结构、土壤性质	pH、土壤容重、CEC、土壤质地、土壤紧实度、土壤分层
		土壤有机质形成和稳定	不稳定土壤有机质比例、富里酸/胡敏酸、多酚、土壤团粒大小分布
		土壤功能生物多样性	硝化细菌多样性和活性、碳源利用能力、微生物种群核酸特征、线虫群落结构、蚯蚓群落结构
	物理支持	土壤有机质形成和稳定	不稳定土壤有机质比例、富里酸/胡敏酸、多酚、土壤团粒大小分布
		土壤结构、理化性质	pH、土壤容重、CEC、土壤质地、淤泥比例、土壤紧实度、土壤分层
		植被	根系密度
调节功能	水分涵养	土壤结构	土壤团粒大小分布、土壤孔隙度、土壤紧实度、土壤容重、土壤质地
		植被	根系密度
	污染物与养分过滤	土壤吸附	黏粒、有机质、土壤容重、pH、CEC
		土壤淋溶	
	废弃物和污染物脱毒与转化	矿化作用、固化作用	微生物量和活性、土壤呼吸率、脲酶活性、芳香硫酸酯酶活性
		土壤功能生物多样性	硝化细菌多样性和活性、碳源利用能力、微生物种群核酸特征、线虫群落结构、蚯蚓群落结构
		土壤养分循环	有效磷、可交换钾、微生物量和活性、土壤呼吸率、脲酶活性、根瘤菌感染率、芳香硫酸酯酶活性、总氮、C/N、有机碳、总磷
		土壤结构、理化性质	pH、土壤容重、CEC、土壤质地
	碳库及温室气体排放控制	土壤养分循环	有机碳含量、凋落物生物量流失率、有效磷、可交换钾、微生物量和活性、土壤呼吸率、脲酶活性、根瘤菌感染率、芳香硫酸酯酶活性、总氮、C/N、总磷
		矿化作用、固化作用	微生物量和活性、土壤呼吸率、脲酶活性、芳香硫酸酯酶活性
		土壤性质、结构	pH、土壤容重、CEC、土壤质地、土壤温度、湿度、黏粒含量
	气温调节	土壤结构	土壤硬度、土壤物理结构
		植被	根系密度

生物、物理、化学性质，即体现了土壤生态学整体性，这也是满足土壤微环境质量的最低生态需求的必要条件。实际研究中也有发现与土壤生物性质相关性不明显的土壤生态系统服务，如 van Eekeren 等（2010）以 20 个草地为研究对象，对土壤结构维持、水分调节、养分供应、草地生产力等土壤生态系统服务的分析结果表明，土壤水分调节功能与土壤生物指标没有明显的相关性。

生态系统服务功能是城市生态系统水平上的重要评价终点，Suter II（1990）在讨论区域生态风险评价生态终点时提出，生态终点的选择必须依据区域生态风险评价目标而定。Cormier 和 Suter II（2008）指出决策者对生态风险评价结果关注较少的原因之一是风险评价科学工作者与利益方之间存在交流障碍。风险评价者没有对科学管理环境所取得的最终目标进行明确的阐述，即利益方和决策者不知道要“保护什么”。而要引起决策者的注意，若以土壤为例，必须要让利益方明白哪些土壤生态系统服务是有利的，并且是需要管理的。而风险评价工作者的研究重点在于应用何种工具（评价指标）来表达这些土壤生态系统服务功能。2010 年的“A Community on Ecosystem Services”会议上，专家们提出利用“生态系统服务功能”作为生态风险评价终点的观点，提出这个观点的理由有以下几点（Faber and van Wensem，2012）。

便于与公共交流。基于生态系统服务功能的环境政策往往能够较好地解释生态系统对人类的价值，荷兰土壤保护技术协会（Soil Protection Technical Committee，TCB）在评价城市硬化地表的生态风险时，为了便于交流，采用了生态系统服务功能的概念，从城市地表的开放性和具有良好土壤质量的情况而不是硬化地表的负面效应来进行生态风险评价。

体现整体性和囊括性。在生态风险评价中采用生态系统服务功能的概念有利于把各种不同的环境评价方法整合在一起。TCB 在制定污染土壤标准及进行生态风险评价时，通过建立能够体现生态系统服务功能的土壤质量指标体系，把标准和风险两者紧密联系起来，以此，使生态系统服务功能包括在生态风险评价中。TCB 认为，在制定以不同土壤利用方式为中心的土壤政策时，采用生态系统服务功能的概念十分必要。Faber 和 van Wensem（2012）在评价农药污染对特定生态系统的生态风险时，采用了生态系统服务功能的概念，以便这套方法能够在一定空间和时间尺度内应用于所有的生态系统及水、土壤、大气等不同环境介质中。

便于价值定量化。生态系统服务功能可以采用“货币形式”进行价值定量，这一特点尤其吸引决策者。譬如，决策者能够非常容易地对污染土壤修复或风险消减措施所带来的利益进行权衡。净环境利益反映了修复或生态恢复所带来的生态环境服务功能与这些行为所产生的不良环境效应之间的差（Efroymson et al.，2004）。

2.4.2 城市土壤生态风险评价终点

在城市土壤生态风险评价中采用生态系统服务功能作为评价终点首先是因为生态系统服务功能具有整体性特点，能够整合不同的环境组分及不同的环境评价方法；其次，作为交流工具的特点使自然科学家、社会经济学家、决策者、风险管理者、利益方及公众之间有了共同语言；最后，便于价值定量化的特点有助于决策者快速权衡利弊并做出决策（Faber and van Wensem，2012）。

土壤作为碳、氮地球化学生物循环的主要主体之一，城市化对其功能的影响较为显著（Liu et al.，2018）。作为城市土壤生态系统最为重要的功能之一，土壤的自然消减能力对城市环境的保护及城市居民健康起到了积极的作用（Rittmann，2004）。然而，国内外对城市土壤生态服务功能评价的研究工作仍然较为有限，尤其是如何选取合适的土壤指标构建土壤功能的评价模型仍然是土壤功能研究的重点与难点（Luck et al.，2009）。生态系统服务功能的评价，尤其是土壤生态功能的评价应该充分考虑其生态服务功能的生态需求，以便将该生态服务功能过程分解为一系列的土壤过程，并用对应的终端因子加以表征（Faber and van Wensem，2012）。Rutgers 等（2012）针对土壤重金属和有机污染物在土壤中的降解、挥发、迁移、稀释、扩散、生物固定等一系列的生态学过程，建立了相应的生态系统功能评价指标体系。Xie 等（2018b）基于熵权法与生态系统服务功能计算指数评价模型（EPX），筛选出了由 11 个物理化学和生物学指标组成的指标体系，定量评价了北京市建成区居民区土壤的自然消减能力及其影响因素。在以城市土壤生态系统服务功能为评价终点的城市生态风险评价中，关键的一步是把具体的土壤生态系统服务与土壤过程及本身的物理化学与生物学性质指标相联系，根据相应的土壤生态系统过程、结构和性质，选择替代性土壤参数来表征城市化胁迫下对城市土壤生态系统服务产生的生态风险。

2.4.3 城市土壤生态风险评价框架与方法

城市土壤生态风险评价框架不同于土壤化学生态风险评价，其框架与城市生态风险评价框架相对应（图 2-14）。评价指标体系能够通过分层法建立，即目标层，包括评价目标、评价综合指数；项目层，包括压力、状态和响应；评价因素层，即每一个项目所包含的具体内容；指标层，即用来表达每个评价因素的指标。

因此，城市土壤生态风险评价的方法可以采用综合指数法、模型模拟法等。

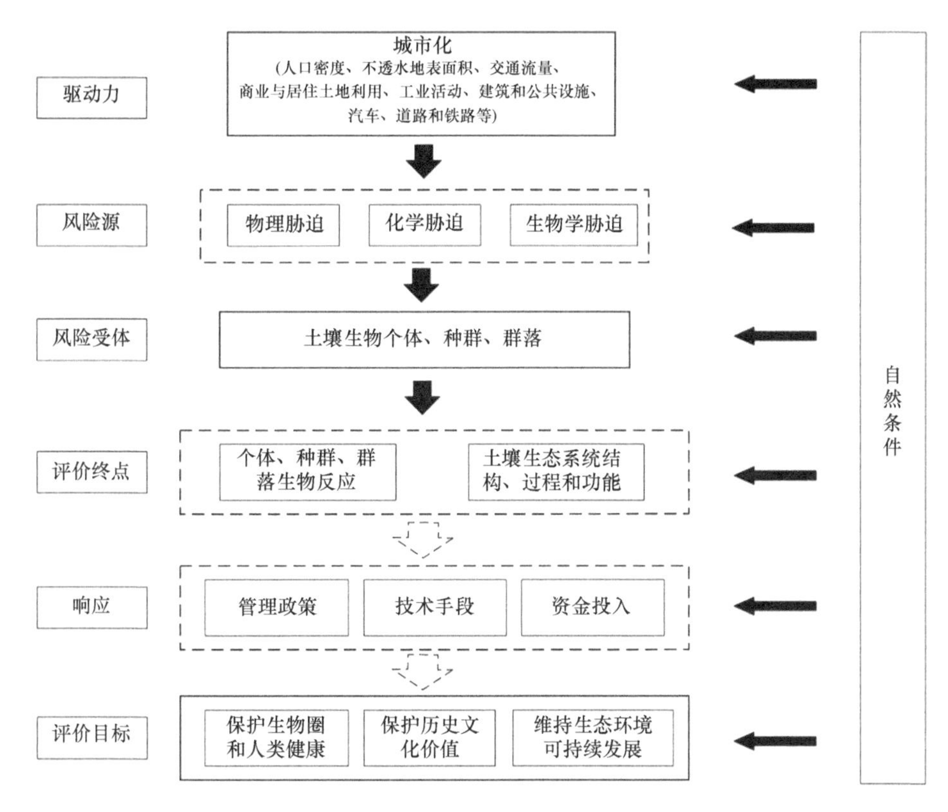

图 2-14 城市土壤生态风险评价框架

综合指数法：在生态环境质量评价中应用较为广泛，其特点是能够综合多个因素指标进行综合评价，并定量化。对于非定量化因子，采用质量等级评分，并兼顾专家意见，由定性转向定量。基本步骤包括：①指标体系建立；②必要时分层建立指标体系；③指标分级与评分；④指标体系权重；⑤综合评价过程；⑥等级划分及评价结果分析。常用综合指数法有简单叠加法、算术平均值法、加权平均法、平方和的平方根法、均方根法、最大值法、混合加权模式法、向量分析法等。生态毒理评价方法中以多水平生物标志物为终点的评价方法，生物效应评价指数法（bioeffect assessment index，BAI）就是综合指数法的一种，在区域化学品污染的生态风险评价中应用较广泛（Broeg et al.，2005）。

证据权重法（weight-of-evidence）：为改进的综合指数法（Dagnino et al.，2008），采用分层分析法确定指标体系。以化学品的生态风险评价为例，评价指标包括化学风险指数（ChemRI）、生态毒理学风险指数（EcotoxRI）及生态学风险指数（EcoRI），并采用专家决策支持系统（EDSS）确定各项指标及其亚指标的权重。化学风险指数的计算通常采用环境实测值与相应的标准值、基准值或者限值之比，而生态毒理学和生态学指数的估算通常采用与参考值相比的方法，即与一个或几个参考点的对应毒理学和生态学参数之比。

模型模拟法：模型模拟法是生态风险评价中最主要、应用最广泛的方法。其中较为成熟、使用广泛的针对多风险源、多暴露途径、多风险受体的相对风险模型（relative risk model，RRM）是区域生态风险评价的主要方法，已被应用于化学品、生物入侵及其他多种非生物风险的生态风险评价研究中。相对风险模型能够较好地应对区域生态风险评价中的以下这些问题：①能够明确定量化地评价目标；②清晰地阐述景观特征，包括地形、土地利用类型、点源分布、栖息地类型和分布；③相互关联的多种人为和自然压力的时空分布；④风险及不确定性的估算及其空间联系；⑤评价结果容易被业主或管理者接受；⑥风险预测结果和不确定性能够通过实验室和野外研究来检验假设和降低不确定性。

系统模型法（system model）：能够减小在风险评价过程中由于易混淆的多重因子、复杂的交互作用及数据缺口而产生的不确定性。Thomsen 等（2012）采用系统模型方法，对特定土地利用类型土壤的生态需求进行高生态风险情景的分析。整个系统模型由 5 个子模型组成。

（1）问题分析模型（问题分解模型，PDM）：包括所有的能导致风险产生的子问题，即维持和增加特定生态系统服务功能所涉及的一系列生态需求及其相关的生态指示指标。如图 2-15 所示，生态系统服务功能分为不同生态需求，每一个生态需求分为以生态系统结构、功能、生物多样性、土壤过程为代表的生态指标，这些指标是土壤提供特定生态系统服务功能所必需的。

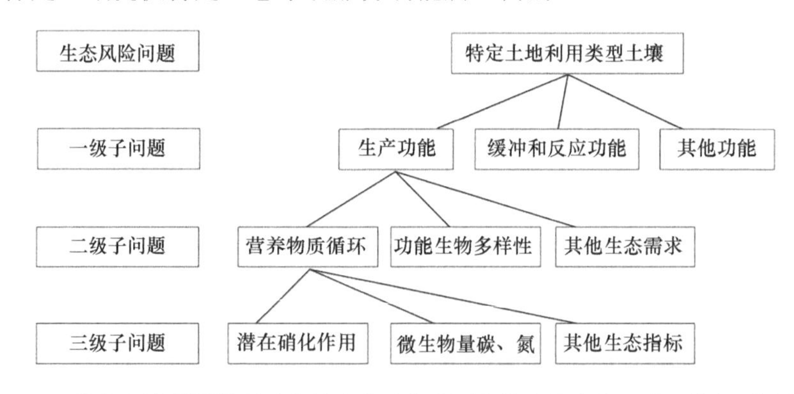

图 2-15 特定土地利用类型以土壤生态功能为评价终点的生态风险评价问题分析树

（2）情景组合模型（SCM）：评估下一级子问题，这些子问题与高风险情况相关，即对胁迫较敏感的生态指标。

（3）基准环境模型（基准模型，CM）：对 SCM 中的子问题和基础数据库中有关高风险/低风险环境基准值进行比较分析，即通过对比相关基准值，对指定生态指标进行定量化。

（4）情景选择模型（SSM）：基于基准值进行高风险情景模拟，即针对特定胁迫采用土壤生态系统脆弱性基准值、土壤质量基准值等。

（5）风险定量模型（RQM）：对每一个所选情景进行风险等级预测与评估。

2.5 小　　结

本章基于国内外文献资料，从土壤理化性质、土壤动物、土壤微生物及土壤生态系统服务功能几个方面分析了城市化过程对土壤生态环境的影响；以北京市为案例区域，研究了城市土壤多环芳烃的来源、空间分布、累积特征和影响因素，使用改进的 EPX 模型对居民区土壤自然消减能力进行了定量评价，探索了影响土壤自然消减能力的影响因素；梳理了基于城市土壤生态系统服务功能的土壤生态风险评价终点，构建了城市土壤生态风险评价框架。研究表明：①城市景观格局与土地利用类型的变化强烈影响了土壤动物的栖息地，城市化过程改变了土壤微生物群落组成与功能特征，影响了城市土壤维持植物生长、土壤自然消减能力及碳储存功能等重要生态系统服务功能。②北京市多环芳烃主要来源为燃煤与交通运输；工业区点源是对土壤多环芳烃分布影响最大的因素；一旦远离工厂区，土壤多环芳烃浓度主要受到植被覆盖类型的影响；城市化进程与城市人口密度对土壤多环芳烃分布的影响较小。③北京市城市土壤自然消减能力在时间和空间上都具有明显的不均匀分布特征，具有较高城市化程度的居民区有更高水平的土壤自然消减能力。

参考文献

陈浩, 吴绍华, 陈东湘, 等. 2017. 城市土壤封闭对有机碳库影响的时空变化模拟. 生态学报, 37(8): 2600-2610.

崔晓阳, 方怀龙. 2001. 城市绿地土壤及其管理. 北京: 中国林业出版社.

段保正, 石辉, 魏小芳, 等. 2016. 西安市城区表层土壤碳储量与分布特征. 水土保持通报, 36(6): 293-297.

侯颖, 周会萍, 张超. 2014. 城市化对土壤微生物群落结构的影响. 生态环境学报, 23(7): 1108-1112.

刘文, 陈卫平, 彭驰. 2016. 社区尺度绿色基础设施暴雨径流消减模拟研究. 生态学报, 36(6): 1686-1697.

卢瑛, 龚子同, 张甘霖. 2001. 南京城市土壤的特性及其分类的初步研究. 土壤, 33(1): 47-51.

罗上华, 毛齐正, 马克明, 等. 2014. 北京城市绿地表层土壤碳氮分布特征. 生态学报, 34(20): 6011-6019.

吕海亮. 2017. 城市植被与土壤碳储量时空变化规律研究. 中国科学院大学博士学位论文.

马秀梅. 2007. 北京城市不同绿地类型土壤及大气环境研究. 北京林业大学硕士学位论文.

毛齐正. 2012. 北京城市绿地植物多样性-土壤关系研究. 中国科学院大学博士学位论文.

彭涛, 欧阳志云, 文礼章, 等. 2006. 北京市海淀区土壤节肢动物群落特征. 生态学杂志, 25(4): 389-394.
吴志峰, 黄银华, 姜春. 2014. 广州市土壤与植被碳蓄积及其空间格局分析. 广州大学学报(自然科学版), 13(3): 73-79, 72.
闫冰, 肖能文, 齐月, 等. 2016. 北京城市发展对土壤微生物群落功能多样性的影响. 环境科学研究, 29(9): 1325-1335.
杨金玲, 张甘霖, 赵玉国, 等. 2006. 城市土壤压实对土壤水分特征的影响——以南京市为例. 土壤学报, 43(1): 33-38.
杨元根, Paterson E, Campbell C, 2001. 用微生物对单一碳源利用方法探讨重金属在城市土壤中积累的环境效应. 地球化学, 30(5): 459-464.
张甘霖, 吴运金, 龚子同. 2006. 城市土壤——城市环境保护的生态屏障. 自然杂志, 28(4): 205-209.
章家恩, 秦钟, 李庆芳. 2011. 不同土地利用方式下土壤动物群落的聚类与排序. 生态学杂志, 30(12): 2849-2856.
朱超, 赵淑清, 周德成. 2012. 1997—2006 年中国城市建成区有机碳储量的估算. 应用生态学报, 23(5): 1195-1202.
Aichner B, Glaser B, Zech W. 2007. Polycyclic aromatic hydrocarbons and polychlorinated biphenyls in urban soils from Kathmandu, Nepal. Organic Geochemistry, 38: 700-715.
Amossé J, Dózsa-Farkas K, Boros G, et al. 2016. Patterns of earthworm, enchytraeid and nematode diversity and community structure in urban soils of different ages. European Journal of Soil Biology, 73: 46-58.
Augusto S, Maguas C, Matos J, et al. 2009. Spatial modeling of PAHs in lichens for fingerprinting of multisource atmospheric pollution. Environmental Science & Technology, 43: 7762-7769.
Bae J, Ryu Y. 2015. Land use and land cover changes explain spatial and temporal variations of the soil organic carbon stocks in a constructed urban park. Landscape and Urban Planning, 136: 57-67.
Ballantyne A P, Alden C B, Miller J B, et al. 2012. Increase in observed net carbon dioxide uptake by land and oceans during the past 50 years. Nature, 488: 70-72.
Bang C, Faeth S H. 2011. Variation in arthropod communities in response to urbanization: Seven years of arthropod monitoring in a desert city. Landscape and Urban Planning, 103: 383-399.
Broeg K, von Westernhagen H, Zander S, et al. 2005. The "bioeffect assessment index" (BAI) - A concept for the quantification of effects of marine pollution by an integrated biomarker approach. Marine Pollution Bulletin, 50: 495-503.
Chappell C, Johnson A. 2015. Influence of pH and bulk density on carbon dioxide efflux in three urban wetland types. Professional Agricultural Workers Journal, 3: 5.
Cormier S M, Suter II G W. 2008. A framework for fully integrating environmental assessment. Environmental Management, 42: 543-556.
Creamer R E, Rimmer D L, Black H I J. 2010. Do elevated soil concentrations of metals affect the diversity and activity of soil invertebrates in the long-term? Soil Use and Management, 24: 37-46.
Dagnino A, Sforzini S, Dondero F, et al. 2008. A "weight of evidence" approach for the integration of environmental "triad" data to assess ecological risk and biological vulnerability. Integrated Environmental Assessment and Management 4: 314-326.
Daily G C, Matson P A, Vitousek P M. 1997. Nature’s Services: Societal Dependence on Natural

Ecosystems. Washington, DC : Island Press: 113-132.
Davies Z G, Edmondson J L, Heinemeyer A, et al. 2011. Mapping an urban ecosystem service: quantifying above-ground carbon storage at a city-wide scale. Journal of Applied Ecology, 48: 1125-1134.
Edmondson J L, Davies Z G, McHugh N, et al. 2012. Organic carbon hidden in urban ecosystems. Scientic Report, 2: 963.
Edmondson J L, O'Sullivan O S, Inger R, et al. 2014. Urban tree effects on soil organic carbon. PLoS One, 9: e101872.
Efroymson R A, Sample B E, Suter II G W. 2004. Bioaccumulation of inorganic chemicals from soil by plants: Spiked soils vs. field contamination or background. Human and Ecological Risk Assessment, 10: 1117-1127.
EPA. 1999. Use of monitored natural attenuation at superfund, RCRA corrective action, and underground storage of tank sites. US Environmental Protection, Office of Solid Waste and Emergency Response, Directive 9200. 4-17.
Faber J H, van Wensem J. 2012. Elaborations on the use of the ecosystem services concept for application in ecological risk assessment for soils. Science of the Total Environment, 415: 3-8.
Ghosh S, Scharenbroch B C, Ow L F. 2016. Soil organic carbon distribution in roadside soils of Singapore. Chemosphere, 165: 163-172.
Griffiths B S, Ritz K, Bardgett R D, et al. 2000. Ecosystem response of pasture soil communities to fumigation-induced microbial diversity reductions: An examination of the biodiversity–ecosystem function relationship. Oikos, 90: 279-294.
Haan N L, Hunter M R, Hunter M D. 2012. Investigating predictors of plant establishment during roadside restoration. Restoration Ecology, 20: 315-321.
Hafner W D, Carlson D L, Hites R A. 2005. Influence of local human population on atmospheric polycyclic aromatic hydrocarbon concentrations. Environmental Science & Technology, 39: 7374-7379.
Hagan D, Escobedo F, Toor G, et al. 2010. Soil bulk density and organic matter in urban Miami-Dade County, Florida. Soil and Water Sciences Department, UF/IFAS Extension.
Hu Y, Dou X, Li J, et al. 2018. Impervious surfaces alter soil bacterial communities in urban areas: A case study in Beijing, China. Frontiers in Microbiology, 9: 226.
Jim C Y, Ng Y Y. 2018. Porosity of roadside soil as indicator of edaphic quality for tree planting. Ecological Engineering, 120: 364-374.
Khan S R, Singh S K, Rastogi N. 2017. Heavy metal accumulation and ecosystem engineering by two common mine site-nesting ant species: Implications for pollution-level assessment and bioremediation of coal mine soil. Environmental Monitoring and Assessment, 189: 195.
Koeser A, Hauer R, Norris K, et al. 2013. Factors influencing long-term street tree survival in Milwaukee, WI, USA. Urban Forestry & Urban Greening, 12: 562-568.
Kuramae E E, Yergeau E, Wong L C, et al. 2011. Soil characteristics more strongly influence soil bacterial communities than land-use type. FEMS Microbiology Ecology, 79: 12-24.
Lawrence A B, Escobedo F J, Staudhammer C L, et al. 2012. Analyzing growth and mortality in a subtropical urban forest ecosystem. Landscape and Urban Planning, 104: 85-94.
Lee C M, Kwon T-S. 2015. Response of ground arthropods to effect of urbanization in southern Osaka, Japan. Journal of Asia-Pacific Biodiversity, 8: 343-348.
Lehmann. 2006. Technosols and other proposals on urban soils for the WRB. International Agrophysics, 20: 129-134.
Leonard R J, McArthur C, Hochuli D F. 2018. Habitat complexity does not affect arthropod community

composition in roadside greenspaces. Urban Forestry & Urban Greening, 30: 108-114.
Li T, Meng L, Herman U, et al. 2015. A survey of soil enzyme activities along major roads in Beijing: the implications for traffic corridor green space management. International Journal of Environmental Research and Public Health, 12: 12475-12488.
Li X, Ma L, Liu X, et al. 2006. Polycyclic aromatic hydrocarbon in urban soil from Beijing, China. Journal of Environmental Sciences, 18: 944-950.
Li X, Wang M, Chen W, et al. 2018. Ecological risk assessment of polymetallic sites using weight of evidence approach. Ecotoxicology and Environmental Safety, 154: 255-262.
Liu R, Wang M, Chen W, et al. 2016. Spatial pattern of heavy metals accumulation risk in urban soils of Beijing and its influencing factors. Environmental Pollution, 210: 174-181.
Liu R, Wang M E, Chen W P. 2018. The influence of urbanization on organic carbon sequestration and cycling in soils of Beijing. Landscape and Urban Planning, 169: 241-249.
Liu S, Tao S, Liu W, et al. 2008. Seasonal and spatial occurrence and distribution of atmospheric polycyclic aromatic hydrocarbons (PAHs) in rural and urban areas of the North Chinese Plain. Environmental Pollution, 156: 651-656.
Livesley S J, Ossola A, Threlfall C G, et al. 2016. Soil carbon and carbon/nitrogen ratio change under tree canopy, tall grass, and turf grass areas of urban green space. Journal of Environmental Quality, 45: 215-223.
Luck G W, Harrington R, Harrison P A, et al. 2009. Quantifying the contribution of organisms to the provision of ecosystem services. Bioscience, 59: 223-235.
Ma L, Chu S, Wang X, et al. 2005. Polycyclic aromatic hydrocarbons in the surface soils from outskirts of Beijing, China. Chemosphere, 58: 1355-1363.
Mafiz A, Perera L N, He Y, et al. 2018. Case study on the soil antibiotic resistome in an urban community garden. International Journal of Antimicrobial Agents, 52: 241-250.
Maliszewska-Kordybach B. 1996. Polycyclic aromatic hydrocarbons in agricultural soils in Poland: preliminary proposals for criteria to evaluate the level of soil contamination. Applied Geochemistry, 11: 121-127.
McGrath D M, Henry J. 2015. Getting to the root of tree stress along highways. Proceedings of the 2014 Annual Meeting of the International Plant Propagators Society, 1085: 109-118.
Mohanty S, Nayak A K, Kumar A, et al. 2018. Carbon and nitrogen mineralization kinetics in soil of rice–rice system under long term application of chemical fertilizers and farmyard manur. European Journal of Soil Biology, 58: 113-121.
Peng C, Chen W, Liao X, et al. 2011. Polycyclic aromatic hydrocarbons in urban soils of Beijing: Status, sources, distribution and potential risk. Environmental Pollution, 159: 802-808.
Peng C, Ouyang Z, Wang M, et al. 2013. Assessing the combined risks of PAHs and metals in urban soils by urbanization indicators. Environmental Pollution, 178: 426-432.
Potschin-Young M, Haines-Young R, Görg C, et al. 2018. Understanding the role of conceptual frameworks: Reading the ecosystem service. Ecosystem Services, 29: 428-440.
Rai P K, Rai A, Sharma N K, et al. 2018. Study of soil cyanobacteria along a rural-urban gradient. Algal Research, 35: 142-151.
Rittmann B E. 2004. Definition, objectives, and evaluation of natural attenuation. Biodegradation, 15: 349-357.
Robinson D A, Hockley N, Cooper D M, et al. 2013. Natural capital and ecosystem services, developing an appropriate soils framework as a basis for valuation. Soil Biology & Biochemistry, 57: 1023-1033.
Rutgers M, van Wijnen H J, Schouten A J, et al. 2012. A method to assess ecosystem services

developed from soil attributes with stakeholders and data of four arable farms. Science of the Total Environment, 415: 39-48.

Salminen J, van Gestel C A, Oksanen J. 2010. Pollution-induced community tolerance and functional redundancy in a decomposer food web in metal-stressed soil. Environmental Toxicology and Chemistry, 20: 2287-2295.

Santorufo L, Van Gestel C A M, Maisto G. 2014. Sampling season affects conclusions on soil arthropod community structure responses to metal pollution in Mediterranean urban soils. Geoderma, 226: 47-53.

Santorufo L, Van Gestel C A M, Rocco A, et al. 2012. Soil invertebrates as bioindicators of urban soil quality. Environmental Pollution, 161: 57-63.

Sarah P, Zhevelev H M, Oz A. 2015. Urban park soil and vegetation: Effects of natural and anthropogenic factors. Pedosphere, 25: 392-404.

Sarzhanov D A, Vasenev V I, Vasenev I I, et al. 2017. Carbon stocks and CO_2 emissions of urban and natural soils in Central Chernozemic region of Russia. Catena, 158: 131-140.

Savage A M, Hackett B, Guenard B, et al. 2015. Fine-scale heterogeneity across Manhattan's urban habitat mosaic is associated with variation in ant composition and richness. Insect Conservation and Diversity, 8: 216-228.

Schwilch G, Bernet L, Fleskens L, et al. 2016. Operationalizing ecosystem services for the mitigation of soil threats: A proposed framework. Ecological Indicators, 67: 586-597.

Sébastien. 2000. Solid-solution partitioning of metals in contaminated soils: Dependence on pH, total metal burden, and organic matter. Environmental Science & Technology, 34: 1125-1131.

Setälä H, Francini G, Allen J A, et al. 2017. Urban parks provide ecosystem services by retaining metals and nutrients in soils. Environmental Pollution, 231: 451-461.

Skaldina O, Peraniemi S, Sorvari J. 2018. Ants and their nests as indicators for industrial heavy metal contamination. Environmental Pollution, 240: 574-581.

Soltani N, Keshavarzi B, Moore F, et al. 2015. Ecological and human health hazards of heavy metals and polycyclic aromatic hydrocarbons (PAHs) in road dust of Isfahan metropolis, Iran. Science of The Total Environment, 505: 712-723.

Somerville P D, May P B, Livesley S J. 2018. Effects of deep tillage and municipal green waste compost amendments on soil properties and tree growth in compacted urban soils. Journal of Environmental Management, 227: 365-374.

Suter II G W. 1990. Endpoints for regional ecological risk assessments. Environmental Management, 14: 9-23.

Tang L, Tang X Y, Zhu Y G, et al. 2005. Contamination of polycyclic aromatic hydrocarbons (PAHs) in urban soils in Beijing, China. Environmental International, 31: 822-828.

Thomsen M, Faber J H, Sorensen P B. 2012. Soil ecosystem health and services–Evaluation of ecological indicators susceptible to chemical stressors. Ecological Indicators, 16: 67-75.

Trammell T L, Pouyat R V, Carreiro M M, et al. 2017. Drivers of soil and tree carbon dynamics in urban residential lawns: A modeling approach. Ecological Applications, 27: 991-1000.

Turner R K, Daily G C. 2008. The ecosystem services framework and natural capital conservation. Environmental & Resource Economics, 39: 25-35.

Uwizeyimana H, Wang M, Chen W, et al. 2017. The eco-toxic effects of pesticide and heavy metal mixtures towards earthworms in soil. Environmental Toxicology and Pharmacology, 55: 20-29.

van Eekeren N, de Boer H, Hanegraaf M, et al. 2010. Ecosystem services in grassland associated with biotic and abiotic soil parameters. Soil Biology and Biochemistry, 4: 1491-1504.

Vasenev V I, Stoorvogel J J, Leemans R, et al. 2018. Projection of urban expansion and related changes in soil carbon stocks in the Moscow Region. Journal of Cleaner Production, 170: 902-914.

Wang M, Markert B, Chen W, et al. 2012. Identification of heavy metal pollutants using multivariate analysis and effects of land uses on their accumulation in urban soils in Beijing, China. Environmental Monitoring and Assessment, 184: 5889-5897.

Wang M E, Faber J H, Chen W P, et al. 2015. Effects of land use intensity on the natural attenuation capacity of urban soils in Beijing, China. Ecotoxicology and Environmental Safety, 117: 89-95.

Wang W, Wang Q, Zhou W, et al. 2018. Glomalin changes in urban-rural gradients and their possible associations with forest characteristics and soil properties in Harbin City, Northeastern China. Journal of Environmental Management, 224: 225-234.

Wang Y, Tang C, Wu J, et al. 2013. Impact of organic matter addition on pH change of paddy soils. Journal of Soils and Sediments, 13: 12-23.

Wang Z, Chen J, Qiao X, et al. 2007. Distribution and sources of polycyclic aromatic hydrocarbons from urban to rural soils: A case study in Dalian, China. Chemosphere, 68: 965-971.

Xie T, Wang M, Chen W, et al. 2018a. Impacts of urbanization and landscape patterns on the earthworm communities in residential areas in Beijing. Journal of Soils and Sediments, 19: 148-158.

Xie T, Wang M, Su C, et al. 2018b. Evaluation of the natural attenuation capacity of urban residential soils with ecosystem-service performance index (EPX) and entropy-weight methods. Environmental Pollution, 238: 222-229.

Xu H, Li S, Su J, et al. 2014. Does urbanization shape bacterial community composition in urban park soils? A case study in 16 representative Chinese cities based on the pyrosequencing method. FEMS Microbiology Ecology, 87: 182-192.

Yan B, Li J, Xiao N, et al. 2016. Urban-development-induced changes in the diversity and composition of the soil bacterial community in Beijing. Scientific Reports, 6: 38811.

Yu Y, Guo H, Liu Y, et al. 2008. Mixed uncertainty analysis of polycyclic aromatic hydrocarbon inhalation and risk assessment in ambient air of Beijing. Journal of Environmental Sciences, 20: 505-512.

Zhang L, Song F. 2005. Sorption and desorption characteristics of cadmium by four different soils in Northeast China. Chinese Geographical Science, 15: 343-347.

3 城市化区域的水环境效应

3.1 城市化区域的水环境风险模拟

3.1.1 水环境风险模拟和分级

3.1.1.1 风险概率计算方法概述

1）方法构建核心思路

概率法在过去的研究中较少使用的主要难点有两个方面：①用于计算风险概率的概率密度函数在复杂的问题中很难推导出来；②即使是推导出理论的概率分布函数，由于函数的结构复杂，运用定积分运算计算概率也非常困难（Liu et al.，2020）。针对这两个困难点，本研究提出了一种新的计算风险概率的方法，即通过蒙特卡罗模拟和Copula模型分别计算单指标风险概率（SRP）和多指标复合风险概率（MRP）。蒙特卡罗模拟可以产生足够的样本，通过计算单一指标的风险频率近似估计风险概率；Copula模型是一种不需要给出理论的多元概率分布函数的情况下计算多元概率的方法，在本研究思路中，将基于蒙特卡罗模拟计算出的单指标风险概率值代入合适的Copula函数中，从而近似计算出多指标复合风险概率（Favre et al.，2004）。

本研究提出的方法的基本框架如图3-1所示，下列5个步骤描述了单指标风险概率和多指标复合风险概率的计算过程。

（1）根据所关注的风险评价问题，选取合适的风险受体指标及相应的模拟指标数值的生态模型；

（2）通过统计学方法确定所有生态模型中不确定性大的变量或模型的最适概率分布函数；

（3）根据步骤（2）的结果，利用蒙特卡罗模拟从变量或参数的概率分布函数中抽样，计算出相应的风险指标的模拟结果；

（4）对每个风险指标设置相应的风险阈值，在步骤（3）的所有模拟结果中，计算所有风险指标值超过风险阈值的频率值，使用这一频率值近似估计相应风险指标的风险概率值；

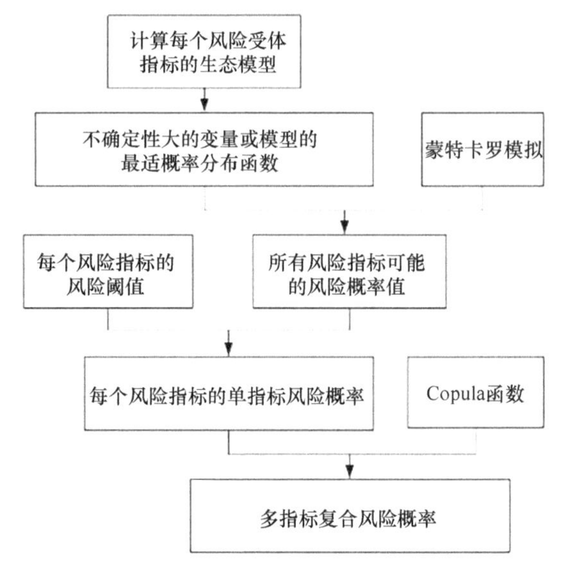

图 3-1　计算单指标风险概率和多指标复合风险概率的技术路线图

（5）根据步骤（3）的每个风险指标数值模拟结果，通过统计学方法确定最合适的描述风险指标联合概率分布的 Copula 函数，将步骤（4）的结果代入这一方程中即可计算出多指标复合风险概率。

2）单指标风险概率（SRP）的计算

假设 EI 代表某一风险指标，EI_c 是其风险阈值，如果 EI 是正向指标，如森林生态系统的碳固定量，则这一指标对应的单一指标风险概率计算的一般通式如公式（3.1）所示；若 EI 是负向指标，如城市面源污染负荷量，则计算公式如公式（3.2）所示。

$$\mathrm{SRP}=P(\mathrm{EI}<\mathrm{EI_c})=F(\mathrm{EI_c}) \tag{3.1}$$

$$\mathrm{SRP}=P(\mathrm{EI}>\mathrm{EI_c})=1-F(\mathrm{EI_c}) \tag{3.2}$$

式中，$F(\cdot)$ 表示指标 EI 对应的理论上的概率累积分布函数，是根据本研究提出的方法，不需要使用风险指标的理论概率分布，但需要使用计算 EI 的生态模型及其重要变量或参数的概率分布。

$$\mathrm{EI}=f(\theta_1,\cdots,\theta_k,S_1,\cdots,S_i) \tag{3.3}$$

式中，$f(\cdot)$ 为计算 EI 的模型或公式；θ_k 为第 k 个模型参数；S_i 为第 i 个输入自变量。

在复合生态系统的研究中，由于模型参数和输入变量的不确定性，导致生态模型模拟 EI 的结果与实际值之间的差距较大（Refsgaard et al.，2007）。实际上，很多的参数或变量并不是一个定值，而是服从它们相应的某种概率分布（van Oijen et al.，2011）。蒙特卡罗模拟可以充分地利用这些参数的不确定性，通过从这些参数或变量的概率分布中重新抽样，尽可能地计算出 EI 所有可能的结果。

具体而言，假设执行了 n 次蒙特卡罗模拟，从所有的参数概率分布中随机抽样，则可以计算出 n 个不同的 EI 模拟值，假设其中有 m 个数值超出了风险阈值，那么 EI 所对应的单指标风险概率（SRP）就能近似计算出来[公式（3.4）]，蒙特卡罗模拟次数越多，SRP 的模拟结果就越准确。

$$\mathrm{SRP}=\frac{m}{n} \tag{3.4}$$

3）多指标复合风险概率（MRP）的计算

多指标复合风险概率是指所有的单个风险指标同时超过风险阈值的概率，它可以作为复合生态风险评价的风险表征结果。当然，考虑到不同风险指标对应的风险受体的情况，不同风险指标之间可能会存在风险交互作用从而导致风险阈值需要调整（Brzóska and Moniuszko-Jakoniuk，2001）。如果不同风险指标的风险受体不同，那么认为指标之间的生态效应是独立的，则所有指标的风险阈值不需要重新调整，否则需要根据它们之间的生态效应的关系对风险阈值进行放大或缩小。

Copula 模型可以用于计算任意数量指标的多维联合概率，在近几年的研究中，Copula 模型被广泛应用于水文学或经济学领域的风险评价，所以 Copula 模型具有在生态风险评价领域应用的潜力（Bevacqua et al.，2017）。下面以 2 个风险指标为例说明如何基于 Copula 模型计算多指标联合风险概率。

$$F_{X,Y}(x,y)=P(X<x,Y<y)=C\left[F_X(x),F_Y(y)\right] \tag{3.5}$$

式中，$F_{X,Y}(x,y)$ 表示风险指标 X 和 Y 的联合概率分布函数；$F_X(x)$ 和 $F_Y(y)$ 分别是 X 和 Y 的累积概率分布函数（联合概率分布的边际分布函数）。假设 X_{mt} 和 Y_{mt} 分别为风险指标 X 和 Y 对应的风险阈值，则根据 X 与 Y 的性质，MRP 的计算将分为以下 4 种情况。

（1）若 X 与 Y 均为正向指标：

$$\mathrm{MRP}=P(X<X_{\mathrm{mt}},Y<Y_{\mathrm{mt}})=C\left[F_X(X_{\mathrm{mt}}),F_Y(Y_{\mathrm{mt}})\right] \tag{3.6}$$

（2）若 X 与 Y 均为负向指标：

$$\begin{aligned}\mathrm{MRP}&=P(X>X_{\mathrm{mt}},Y>Y_{\mathrm{mt}})\\&=1-F_X(X_{\mathrm{mt}})-F_Y(Y_{\mathrm{mt}})+C\left[F_X(X_{\mathrm{mt}}),F_Y(Y_{\mathrm{mt}})\right]\end{aligned} \tag{3.7}$$

（3）若 X 为正向指标，Y 为负向指标：

$$\mathrm{MRP}=P\left(X\langle X_{\mathrm{mt}},Y\rangle Y_{\mathrm{mt}}\right)=F_Y\left(Y_{\mathrm{mt}}\right)-C\left[F_X\left(X_{\mathrm{mt}}\right),F_Y\left(Y_{\mathrm{mt}}\right)\right] \tag{3.8}$$

（4）若 X 为负向指标，Y 为正向指标：

$$\mathrm{MRP}=P(X>X_{\mathrm{mt}},Y<Y_{\mathrm{mt}})=F_X(X_{\mathrm{mt}})-C\left[F_X(X_{\mathrm{mt}}),F_Y(Y_{\mathrm{mt}})\right] \tag{3.9}$$

式中，$F_X(X_{\mathrm{mt}})$ 和 $F_Y(Y_{\mathrm{mt}})$ 根据公式（3.1）、公式（3.2）和公式（3.4）计算；$C\left[F_X(X_{\mathrm{mt}}),F_Y(Y_{\mathrm{mt}})\right]$ 是变量 X 和 Y 的 Copula 函数，通过蒙特卡罗模拟的样本的统计信息来确定。

3.1.1.2 研究区域概况和指标选取

本研究的研究区域是北京市六环以内的区域，面积为 2267km^2，2015 年人工地表率约为 66%，主要分布于北京市五环以内，边缘区域的土地利用类型主要是林地、草地和耕地。该区域具有明显的城郊梯度特征，是研究城市化的生态风险的理想区域（图 3-2）。

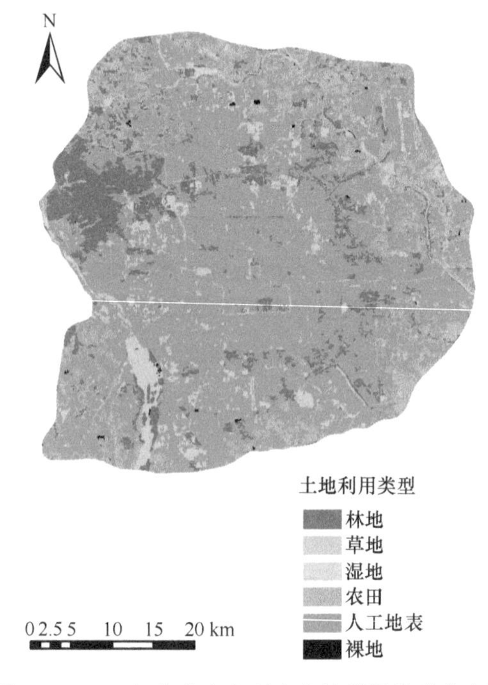

图 3-2 2015 年北京市六环内土地利用类型分布图

选择城市地表径流量和总氮面源污染负荷量分别作为评价城市水环境“量”和“质”的指标。地表径流与区域洪涝的发生息息相关，对生态系统水循环过程有着强烈的影响，其数值大小与评价单元的不透水地表率直接相关；氮是重要的营养元素，地表水中氮含量过高会引发水体富营养化，因此总氮含量是重要的水环境的水质指标。本研究选择下列模型计算地表径流和总氮面源污染负荷[公式（3.10）和公式（3.11）]（李家科等，2010）。

$$F_i = 0.001 \times A_i \times \left[P_i \times (0.15 + 0.75 \times \mathrm{IR}_i) - 19.37 \times (6.35 - 4.76 \times \mathrm{IR}_i)^{0.5957} \right] \quad (3.10)$$

$$Q_i = 0.001 \times F_i \times \mathrm{EMC}_i \quad (3.11)$$

式中，F_i为栅格 i 的地表径流量（m^3）；Q_i为栅格 i 的总氮面源污染负荷量（kg）；A_i为栅格 i 的面积（m^2）；P_i为栅格 i 的年降雨总量（mm）；IR_i为栅格 i 的不透水地表面积比率（%）；EMC_i为栅格 i 总氮的降雨事件平均浓度（mg/L）；0.001 为单位转化系数。

3.1.1.3 风险阈值的设定

地表径流量的风险阈值参照了《室外排水设计规范》（GB50014—2006），该规范中对各种用地类型的地表径流系数上限做出规定（表 3-1）。在本研究中径流风险情景是指模拟出的地表径流量超过年降雨总量乘以径流系数上限的乘积值。总氮面源污染负荷风险阈值参考了《水污染物综合排放标准》（DB11/307—2013）（北京市地方标准），该标准中规定排入自然水体的污水的总氮浓度不能超过15mg/L，因此，总氮面源污染负荷量的风险阈值是地表径流量乘以总氮污染浓度阈值（15mg/L）。由于地表径流对应的风险受体是区域地表，而面源污染的风险受体是下游水体，所以认为两者的不利影响是独立的，相应的风险阈值在计算复合风险概率时不需要调整。

表 3-1　不同的土地利用类型下地表径流系数风险阈值

土地利用类型	径流系数阈值
林地	0.2
草地	0.2
湿地	0.15
耕地	0.25
建筑用地	0.68
裸地	0.3

3.1.1.4 重要参数的概率分布和 Copula 函数的确定

根据公式（3.10）和公式（3.11），具有较大不确定性的参数为年降雨总量（P）和总氮的降雨事件平均浓度（EMC），其他参数基本上是定值，因此本研究重点确定这两个参数的最合适的概率分布函数。确定的方法是从过去研究结果中选取几种概率分布模型为备选，尽可能多地收集参数的数值，然后使用 Kolmogorov-Smirnov 检验进行统计学的假设检验，对于检验结果 p 值明显大于 0.05 的分布再进行拟合优度判别，评价标准是曲线拟合的调整决定系数（adjusted R^2），调整决定系数最大的分布即为该参数最适合的概率分布。

过去的研究发现，月降雨量和季降雨总量分别服从伽马分布和正态分布（Husak et al.，2007；De Luís et al.，2000），因此本研究选择正态分布、对数正态分布和伽马分布对多年降雨总量数据进行拟合选择最适概率分布。根据世界气象组织的规定，至少对 30 年的降雨数据进行分析才能反映一个区域的气候状况（De Luís et al.，2000）。因此，本研究选择从 1978～2015 年共计 38 年的数据进行概率分布的拟合。

降雨事件平均浓度是指某次降雨事件中的污染物的平均浓度值，是一个与时间变化有关的随机变量（Dauphin et al.，1998），而在概率论中，描述与时间变化有关的随机变量常用的概率分布是指数分布和威布尔分布（Lawless and Fredette，2005），因此本研究将从过去的相关文献中收集总氮的降雨事件平均浓度值作为样本数据拟合这两种分布（王晓燕等，2004），选择其中最合适的概率分布。

在确定两个参数的概率分布函数后，进行 10 000 次蒙特卡罗模拟分别产生 10 000 个地表径流模拟值和 10 000 个总氮面源污染负荷值，它们将用于确定最合适的 Copula 函数。在过去的研究中，Gaussian Copula 函数、Student Copula 函数、Clayton Copula 函数、Frank Copula 函数和 Gumbel Copula 函数被广泛应用于水文学的研究（Zhang et al.，2015），因此本研究就从这 5 种 Copula 函数中选择最合适的来描述地表径流和总氮面源污染负荷的联合概率。使用 Kolmogorov-Smirnov 检验进行统计学的假设检验，使用均方根误差（RMSE）和 AIC 值进行拟合优度判别，这两个指标值越小说明拟合优度越好。

3.1.1.5 风险贡献率计算和风险等级划分

地表径流风险概率、总氮面源污染复合风险概率与复合风险概率三者的数量关系如图 3-3 所示，根据集合理论，复合风险概率（[C]）实际上是两个单一指标风险概率的交集，占据两个单一指标概率的一部分。所以，其余的两部分（[A] 和[B]）分别代表了径流风险和总氮面源污染风险单独的风险比例。基于这样的数

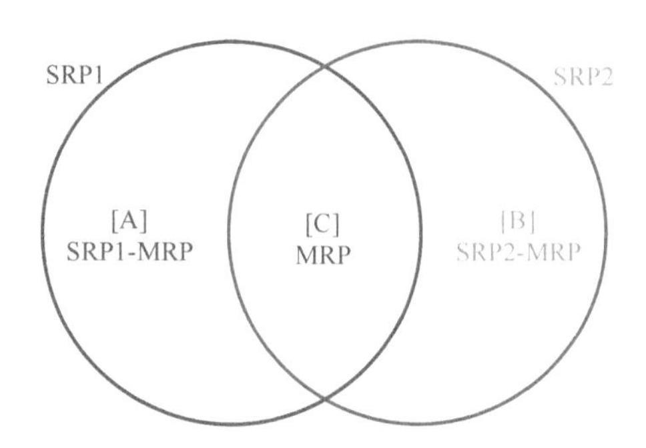

图 3-3 两个单一指标风险概率与复合风险概率之间数量关系的维恩图

SRP1. 地表径流风险概率；SRP2. 总氮面源污染风险概率；MRP. 复合风险概率

量关系，可以计算出 3 个风险概率的贡献率，即[A]、[B]和[C]三部分占据它们和的比例。依据公式（3.12）、公式（3.13）和公式（3.14）分别计算地表径流风险贡献率、总氮面源污染风险贡献率和复合风险贡献率。

$$C_{\mathrm{SR1}}=\frac{\mathrm{SRP1}-\mathrm{MRP}}{\mathrm{SRP1}+\mathrm{SRP2}-\mathrm{MRP}} \tag{3.12}$$

$$C_{\mathrm{SR2}}=\frac{\mathrm{SRP2}-\mathrm{MRP}}{\mathrm{SRP1}+\mathrm{SRP2}-\mathrm{MRP}} \tag{3.13}$$

$$C_{\mathrm{MR}}=\frac{\mathrm{MRP}}{\mathrm{SRP1}+\mathrm{SRP2}-\mathrm{MRP}} \tag{3.14}$$

本研究使用风险概率进行风险表征，参考了美国国家环境保护局的文件（EPA，2014）将风险等级划分为 4 个等级。当风险概率不超过 0.05 时，认为风险发生的可能性不显著，即认为无风险；风险概率为 0.05～0.1 时认为风险处于低风险水平；风险概率为 0.1～0.5 时则认为风险处在中等风险水平；风险概率高于 0.5 时认为风险处于高风险水平（表 3-2）。

表 3-2　基于风险概率的生态风险等级划分

风险等级	风险概率范围
无风险	0～0.05
低风险	0.05～0.1
中等风险	0.1～0.5
高风险	0.5～1.0

3.1.1.6　数据获取与处理

本研究所需的数据主要包括 2015 年北京市六环内土地利用数据、北京市降雨数据和总氮的降雨事件平均浓度（EMC）数据。2015 年北京市土地利用分类数据（30m×30m）由中国科学院生态环境研究中心提供，土地利用类型主要分为森林、草地、湿地、耕地、建筑用地和裸地 6 类；北京市多年的降雨数据从美国国家海洋和大气局（NOAA：http://www.noaa.gov/web.html/）下载；总氮的 EMC 数据从过去的文献中收集（欧阳威等，2010；王晓燕等，2004）。

本研究的风险评价尺度是 100m×100m 的栅格，所以北京市六环内大约被分成 22 万个栅格，每个栅格中都要执行 10 000 次蒙特卡罗模拟及 Copula 函数的拟合。每个栅格中计算地表径流风险及其贡献率、总氮面源污染风险及其贡献率和复合风险及其贡献率。所有的风险概率的计算在 Matlab 9.2 中执行，风险概率贡献率计算空间化展示在 ArcGIS10.5 中完成。

3.1.2 水环境风险概率分布和空间格局

3.1.2.1 参数概率分布和 Copula 函数选择

根据表 3-3 和表 3-4 所示，正态分布和威布尔分布的 p 值（K-S 检验）和曲线拟合的 adjusted R^2 相比于其他的概率分布均为最大，因此，年降雨总量被认为服从正态分布，总氮 EMC 被认为服从威布尔分布。地表径流和总氮面源污染负荷的最合适的 Copula 函数是 Frank Copula 函数，因为 Frank Copula 的 p 值显著地大于其他 4 种 Copula 函数，而且 RMSE 和 AIC 值也比较小（表 3-5）。

表 3-3 年降雨总量的概率分布函数拟合检验结果

概率分布函数	参数估计值	p 值	adjusted R^2
正态分布	μ=545.14，σ=143.46	0.47	0.98
对数正态分布	μ=6.27，σ=0.28	0.37	0.96
伽马分布	α=14.06，β=38.77	0.35	0.97

表 3-4 不同土地利用类型中总氮 EMC 的概率分布拟合检验结果

土地利用类型	概率分布函数	参数估计值	p 值	adjusted R^2
林地或草地	指数分布	λ=9.45	0.66	0.62
	威布尔分布	λ=10.59，k=1.74	0.95	0.79
湿地	指数分布	λ=0.52	0.54	0.55
	威布尔分布	λ=0.58，k=1.94	0.92	0.79
耕地	指数分布	λ=13.6	0.64	0.62
	威布尔分布	λ=15.26，k=1.93	0.93	0.80
建筑用地	指数分布	λ=18.8	0.81	0.72
	威布尔分布	λ=21.1，k=1.92	0.89	0.90
裸地	指数分布	λ=1.18	0.41	0.41
	威布尔分布	λ=0.6，k=1.84	0.75	0.76

表 3-5 Copula 函数的拟合检验结果

Copula 方程	p 值	RMSE	AIC
Gaussian	0.32	0.006 4	−100 920
Student	0.18	0.006 4	−101 120
Clayton	0.000 85	0.016	−82 646
Frank	0.91	0.007 3	−99 729
Gumbel	0.16	0.008 4	−95 522

3.1.2.2 生态风险评价结果

从风险概率总体数值上看，北京市六环内地表径流风险概率、总氮面源污染负荷风险概率和复合风险概率的数值范围分别是 0～0.89、0～0.64 和 0～0.58，相应的风险概率平均值分别是 0.33、0.44 和 0.23。从风险的平均水平上看北京市六环内的地表径流风险、总氮面源污染风险和复合风险均处在中等风险水平。从风险区域面积占比上看，北京市六环内地表径流风险概率、总氮面源污染负荷风险概率和复合风险概率达到显著水平（风险概率大于 0.05）的区域面积分别是 1377.8km^2、1985.04km^2 和 1136.02km^2，分别占北京市六环内总面积的 60.8%、87.6%和 50.1%。此外，3 类风险达到高风险水平（风险概率大于 0.5）的区域面积分别是 801.49km^2、1369.94km^2 和 658.4km^2，分别占北京市六环内总面积的 35.4%、60.4%和 29.0%。

从风险水平高低的空间分布格局上看，3 类风险概率在北京市六环内的空间分布具有明显的空间异质性和城郊梯度效应。地表径流风险概率、总氮面源污染负荷风险概率和复合风险概率处在高风险等级的区域主要分布于北京市五环以内（图 3-4）；北京市五环与六环之间的地表径流风险和复合风险以低风险和无风险为主（图 3-4a 和图 3-4c），但仍有大面积的区域为中等及以上水平的总氮面源污染风险区域（图 3-4b），通过对比北京市六环内土地利用分类图（图 3-2），五环和六环之内的中等水平的总氮面源污染风险区域对应的土地利用类型为耕地，说明农业生产活动可能是重要的总氮污染源。地表径流风险与复合风险的空间分布比较相似，主要是因为复合风险是地表径流风险与总氮面源污染风险的交集（图 3-3），在五环内，地表径流和总氮面源污染风险都很高，故复合风险也很高；但在五六

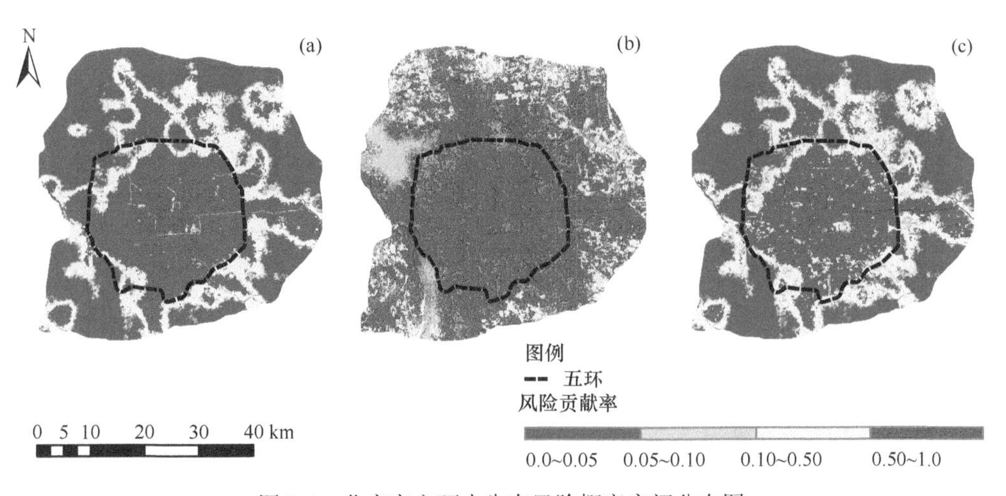

图 3-4 北京市六环内生态风险概率空间分布图

（a）地表径流风险；（b）总氮面源污染风险；（c）复合风险

环之间的区域，地表径流风险并不高，而总氮面源污染风险较高，使得两者的交集比较小，所以复合风险较小，因此，复合风险分布格局与径流风险相近。3 类风险概率的空间分布格局显示城市化水平较高的五环内区域具有较高的复合风险，表明城市化的扩张引发的不是单一的风险而是复合风险。

3.1.2.3 生态风险贡献度

北京市六环内地表径流风险贡献率、总氮面源污染负荷风险贡献率和复合风险贡献率的数值范围分别是 0～31%、0～89%和 0～70%，相应的平均值分别是25%、32%和 43%。从风险贡献率的平均水平来看，北京市六环内主要的风险类型是由地表径流和总氮面源污染共同引发的复合风险。通过比较 3 种类型的风险贡献率的空间分布发现：在北京的中心区域复合风险的贡献率最高（70%～85%）；而单独的径流风险的贡献率较小（15%～30%）；而单独的总氮面源污染风险的贡献几乎可以忽略（图 3-5）。这些结果表明，在不透水率高的地区，地表径流风险的发生往往伴随着面源污染风险的发生。换句话说，北京中部地区主要受到综合风险的影响。此外，这一结果也可以解释为什么复合风险概率的空间格局（图 3-4c）与地表径流相关的单一指标风险概率的空间格局（图 3-4a）高度一致。在农田覆被区域，总氮污染负荷对复合风险的贡献率最高（85%～90%），说明总氮负荷主要来自农业（图 3-2 和图 3-5b）。相比之下，在这些地区，地表径流风险概率的贡献比例非常低（<10%）（图 3-5a）。这些结果表明，农田地表径流虽然量少，但产生的总氮污染负荷很高，可能对地表水和地下水产生不利影响。因此，地表径流和氮污染物负荷都需要在北京市中心区域进行管理和控制，只有农田覆被区域需要单独控制氮的面源污染。

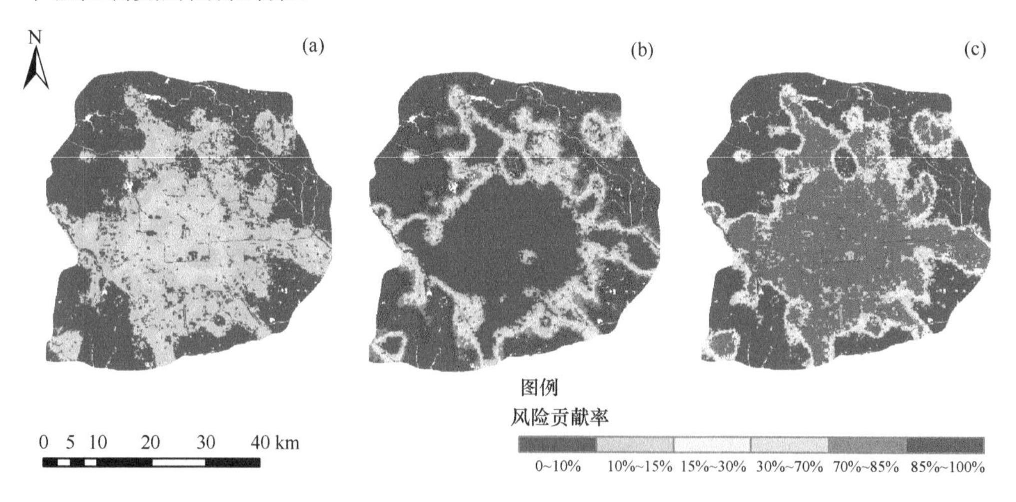

图 3-5 北京市六环内生态风险贡献率空间分布图

（a）地表径流风险；（b）总氮面源污染风险；（c）复合风险

3.2 社区尺度水文效应

3.2.1 社区尺度绿色基础设施暴雨径流消减模拟

城市是受人类活动影响最大的区域，城市地表覆盖物种类多且分布复杂，产流很不均匀，给城市降雨产流计算带来很大麻烦。由于城市中不同地表类型的下垫面会产生不同的水文响应，为了计算方便，将城市地表概化为不透水地表、透水地表和水体 3 种类型模块单独计算，如图 3-6 所示。不透水地表的径流量为降雨量扣除填洼和蒸发的剩余量。透水地表的径流计算分为冠层截留、蒸发、下渗和填洼过程。水体调蓄雨水径流主要根据流入量、流出量和蓄水容量计算。为了达到实用的目的，模型在整体计算过程中基于水量平衡和水文循环物理过程，而在每个水文过程选择偏重参数较少和普遍适用的经验型方程。绿色基础设施主要模拟其雨水下渗、滞留和存储的能力及出流量，在计算过程中替换相对应地表的径流计算模块。社区降雨总的径流量是 3 类地表和生态设施产生和流出的径流总和，流量峰值是整个流量过程时间段内的最大流量（Liu et al.，2014）。

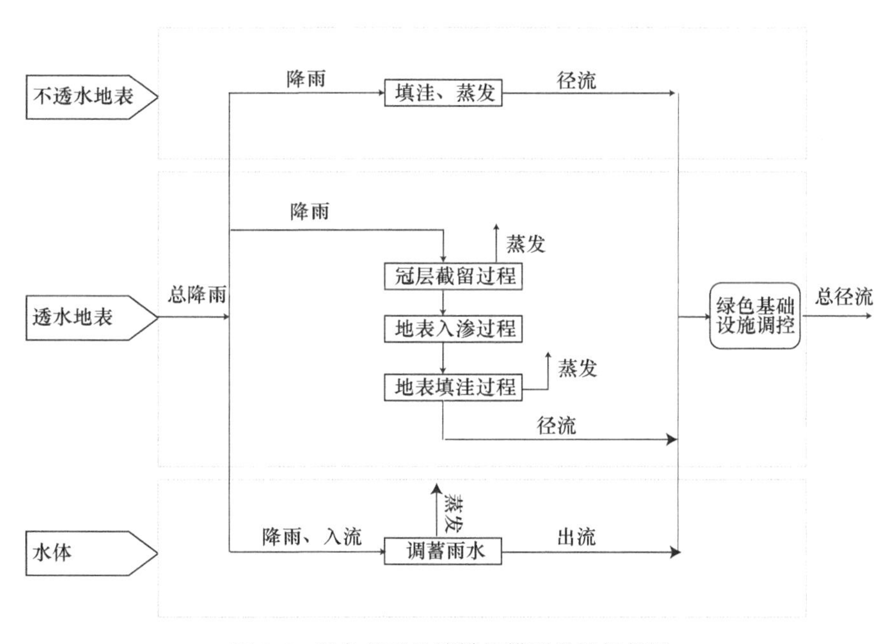

图 3-6 绿色基础设施模拟模型设计框架图

3.2.1.1 不透水地表径流计算

不透水地表划分为屋顶、道路和硬化地表 3 类。不透水地表的产流计算采用水量平衡的方法。假设不透水地表是100%不透水的，降雨量减去水量蒸发、填洼和存储的量就是产生的径流量。不透水地表填洼和存储的雨水最终通过蒸发消失。不透水地表产生的径流量（R_{imp}，mm）为

$$E_D = \min\left(E_p, ST\right) \tag{3.15}$$

$$R_{imp} = \begin{cases} P-(D-ST)-E_D, & P-E_D > D-ST \\ 0, & P-E_D \leqslant D-ST \end{cases} \tag{3.16}$$

式中，P 为降雨量（mm）；D 为不透水地表的填洼量（mm）；ST 为填洼存储水平（mm）；E_D 为填洼水的蒸发量（mm）；E_p 为时间步长内的潜在蒸发量（mm）。

不同类型不透水地表的雨水最大初损量和存储能力的参数各不相同，如表3-6所示。

表 3-6　不透水地表最大初损量

不透水地表类型	雨水最大初损量（mm）
屋顶	1
道路	2
硬化地表	2

不透水地表的蒸发量主要是降雨初期的地表蒸发和降雨结束后地表存储水量的蒸发。降雨过程中的蒸发作用实际非常微弱，蒸发速率对降雨径流模拟结果的影响不大，在小时尺度上（≤1h）降雨期间蒸发通常可以忽略。蒸发速率的计算方法在下文中具体介绍。

实际上，不透水地表产生的径流不是直接全部流入排水系统中，有一部分雨水会流到邻近的透水地表上。例如，一些住宅小区屋顶雨水通过排水管直接流到绿地上。这种情况下需要引入有效透水面积的概念来计算实际的不透水地表径流。有效不透水面积径流量是指对总雨水径流有贡献的不透水面积（屋顶、道路和硬化地表）的径流量。有效不透水面积概念用来表示直接连接雨水排水系统的不透水面积比例。剩余的不透水面积没有直接连接排水系统，雨水径流流到邻近的透水地表上。

因此，有效不透水面积径流量（R_{Eimp}，mm）的计算表达式为

$$R_{Eimp} = E_a R_{imp} \tag{3.17}$$

式中，R_{Eimp} 为有效不透水面积上的径流量（mm）；E_a 为有效不透水面积比率（mm）；R_{imp} 为不透水面积的径流量（mm）。

不透水面积的径流流到透水面积的径流量（R_{nimp}，mm）的计算公式为

$$R_{nimp} = R_{imp} - R_{Eimp} \tag{3.18}$$

在计算透水地表的径流时，R_{nimp} 作为透水地表径流过程中雨量输入的一部分。

3.2.1.2　透水地表径流计算

透水地表的产流分别计算植被冠层截留、蒸发、地表下渗和地表填洼过程，再根据水量平衡计算得到产流量，水文过程的计算顺序如图 3-7 所示。

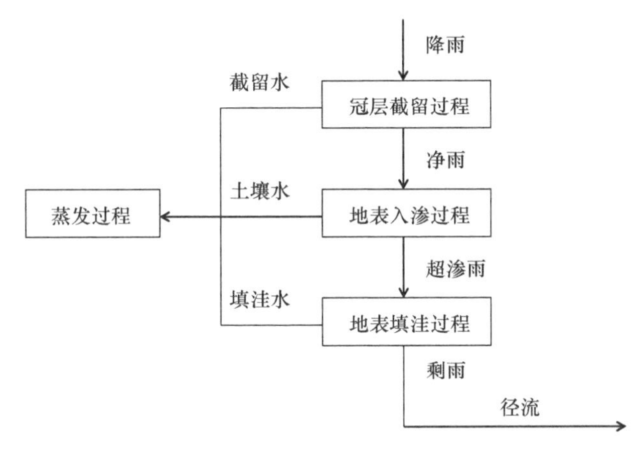

图 3-7　透水地表径流计算流程图

1）冠层截留过程

该模型采用 Wang 等（2008）在 UFORE-Hydro（urban forest effects-Hydro）半分布式模型中计算森林截留过程的方法。UFORE-Hydro 模型改进了 Rutter 模型方法，通过约束冠层水滴落到地面直到冠层存储满水，从而减少 Rutter 模型的参数。

根据水量平衡原理，截留过程的表达式为

$$\frac{\Delta C}{\Delta t}=P-R-E \tag{3.19}$$

式中，ΔC 为 Δt 时间间隔单位冠层面积上截留的水深（mm）；P 为冠层之上的降雨量（mm/min）；R 为冠层下面落到地面的穿透雨量（mm）；E 为湿润冠层的蒸发速率（mm/min）；Δt 为模拟的时间间隔（min）。

植被冠层截留量的计算采用 Wang 等（2008）改进的 Rutter 模型方法，截留量（SI_c，mm）的计算表达式为

$$SI_c=\begin{cases}SI_0+P-P_f-E_c, & SI_0+P-P_f-E_c\leqslant S_c\\ S_c-E_c, & SI_0+P-P_f-E_c>S_c\end{cases} \tag{3.20}$$

式中，SI_0 为前一时期的截留水量（mm）；E_c 为时间步长内的冠层截留水蒸发量（mm）；S_c 为植被冠层最大截留量（mm）；P_f 为自由穿透冠层雨量（mm），由式（3.21）计算：

$$P_{\rm f}={\rm e}^{-\kappa\times{\rm LAI}}P \tag{3.21}$$

式中，κ 为消光系数；LAI 为叶面积指数，定义为单位面积上植物单侧叶片的总面积。

冠层截留的水分通过蒸发流移除，Noilhan 和 Planton（1989）提出截留蒸发的计算表达式为

$$E_{\rm c}=\left(\frac{{\rm SI_c}}{S_{\rm c}}\right)^{\frac{2}{3}}E_{\rm p} \tag{3.22}$$

式中，$\left(\frac{{\rm SI_c}}{S_{\rm c}}\right)^{\frac{2}{3}}$ 为冠层的潮湿叶面所占的比率（%）；$E_{\rm p}$ 为模拟时间步长内的潜在蒸发量（mm），用基于气温的 Hargreaves-Samani 公式计算潜在蒸发量。

冠层的储水能力 $S_{\rm c}$ 与叶面积指数 LAI 线性相关（Pitman，1989），表达式为

$$S_{\rm c}=S_{\rm L}{\rm LAI} \tag{3.23}$$

式中，$S_{\rm L}$ 为特定的叶面储水（mm），是特定植物种单位叶面积叶片储水的最大深度。

2）蒸发过程

潜在蒸散发计算采用基于气温的 Hargreaves 方法。考虑到太阳辐射资料获取的困难，Hargreaves 和 Samani（1985）、Hargreaves 和 Samani（1982）提出用天文辐射 $\rm RA_{max}$ 和月平均最高气温与月平均最低气温差值来估算太阳辐射，潜在蒸发量（$E_{\rm p}$，mm/d）计算公式为

$$E_{\rm p}=0.0023\times0.408\left(\frac{{\rm RA_{max}}}{\lambda}\right)\left(T_{\rm max}-T_{\rm min}\right)^{0.5}\left(T_{\rm av}+17.8\right) \tag{3.24}$$

式中，$\rm RA_{max}$ 为地外辐射（MJ/m^2/d）；λ 为水的气化比潜热（MJ/kg），通常取值为 2.45MJ/kg；$T_{\rm max}$ 为日最高温度（℃）；$T_{\rm min}$ 为日最低温度（℃）；$T_{\rm av}$ 为日均温度（℃）。对于特定纬度和日期的 $\rm RA_{max}$ 可以查表得知，或者用一些公式计算得来（Jensen et al.，1990）。

3）地表下渗过程

扣除截留后的降雨抵达地表后，这部分的降雨将发生地表下渗、地表填洼过程，最后的剩雨成为地表径流。Mein 和 Larson（1973）将经典的 Green-Ampt 模型推广应用至降雨下渗的情况。设有稳定的雨强 i，在降雨的初始阶段，全部降雨都下渗到地下；只有 i 大于土壤的下渗能力时，地表才能形成积水，设定开始积水的时间为 $t_{\rm p}$。由模型可知，下渗率 f 是随累积下渗量 F 的增加而减小的。当累积下渗量达到某一值时，即 f=i 时开始积水，称此累积下渗量为 $F_{\rm p}$，只有当 $i>K_{\rm s}$

（饱和导水率）时才可能发生积水。

因此，采用 Mein 和 Larson（1973）改进的 Green-Ampt 模型方法模拟降雨下渗的过程，下渗速率（f，mm/min）的计算公式如下：

$$f=\begin{cases}K_{\mathrm{s}}\left[1+\dfrac{\left(\theta_{\mathrm{s}}-\theta_i\right)S_{\mathrm{f}}}{F}\right], & t>t_{\mathrm{p}}\\ i, & t\leqslant t_{\mathrm{p}}\end{cases}\tag{3.25}$$

$$t_{\mathrm{p}}=\frac{F_{\mathrm{p}}}{i}\tag{3.26}$$

$$F_{\mathrm{p}}=\frac{\left(\theta_{\mathrm{s}}-\theta_i\right)S_{\mathrm{f}}}{i/K_{\mathrm{s}}-1}\tag{3.27}$$

式中，K_{s} 为饱和导水率（mm/min）；θ_{s} 为饱和含水量（%）；θ_i 为初始含水量（%）；S_{f} 为湿润锋处的平均吸力（mm）；F 为累积下渗量（mm）；t_{p} 为开始积水的时间（min）；F_{p} 为开始积水时刻的下渗量（mm）；i 为冠层截留之后净雨的雨强（mm/min）。

4）地表填洼过程

降雨下渗饱和之后，剩余降雨量留存于地表，部分进行填洼，部分成为地表径流参与汇流。初始时刻的地表填洼雨水储量（Sd_0，mm）根据 Linsley 于 1975 年推导出的经验公式计算（Linsley et al.，1975）：

$$\mathrm{Sd}_0=\mathrm{Sd}_{\max}\left[1-\exp\left(-\frac{\mathrm{PC}}{\mathrm{Sd}_{\max}}\right)\right]\tag{3.28}$$

式中，$\mathrm{Sd}_{\max}$ 为透水地表填洼量（mm）；PC 为累积剩余降雨量（mm），即降雨减去截留和下渗的雨量。

其他时间步长的填洼量（Sd，mm）由式（3.29）计算：

$$\mathrm{Sd}=\begin{cases}\mathrm{PC}+\mathrm{Sd}_{\mathrm{t}}-E_{\mathrm{s}}, & \mathrm{PC}+\mathrm{Sd}_{\mathrm{t}}-E_{\mathrm{s}}<\mathrm{Sd}_{\max}\\ 0, & \mathrm{PC}+\mathrm{Sd}_{\mathrm{t}}-E_{\mathrm{s}}\geqslant\mathrm{Sd}_{\max}\end{cases}\tag{3.29}$$

$$E_{\mathrm{s}}=\min(\mathrm{Sd}_{\mathrm{t}},E_{\mathrm{p}})\tag{3.30}$$

式中，Sd_{t} 为前一时间步长内的填洼量（mm）；E_{s} 为之前填洼雨水的蒸发量（mm）。

透水地表总的径流量（R_{per}，mm）计算采用水量平衡的方法，降雨减去截留、下渗和填洼的雨量就是透水地表的径流量，计算表达式为

$$R_{\mathrm{per}}=P-\left(\mathrm{SI}_{\mathrm{c}}-\mathrm{SI}_0\right)-f\times\Delta t-\mathrm{Sd}-E_{\mathrm{s}}\tag{3.31}$$

式中，Δt 为模拟的时间步长（min）。

3.2.1.3 水体出流计算

根据水量平衡，水体的出流量（Q_w，m^3）计算公式如下：

$$Q_w=\begin{cases}0, & \left(\dfrac{A_p}{A-A_c}\right)\left(\alpha R_{imp}+\beta R_{per}\right)A+\left(P-E_w\right)\times A_c\leqslant H-V_w\\ \left(\dfrac{A_p}{A-A_c}\right)\left(\alpha R_{imp}+\beta R_{per}\right)A+\left(P-E_w\right)\times A_c-H+V_w, \\ & \left(\dfrac{A_p}{A-A_c}\right)\left(\alpha R_{imp}+\beta R_{per}\right)A+\left(P-E_w\right)\times A_c>H-V_w\end{cases} \tag{3.32}$$

式中，A_p为流入水体的雨水汇水面积（m^3）；A为社区的面积（m^2）；A_c为水体的表面积（m^2）；α为不透水面积的比例（%）；β为透水面积的比例（%）；R_{imp}为不透水地表总径流量；R_{per}为透水地表总径流量；E_w为水面蒸发（mm）；H为水体的最大存储能力（m^3）；V_w为降雨之前水体的存储水平（m^3）。

因此，每个模拟时间步长内社区径流量（R，m^3）为 3 类地表径流量之和：

$$R=\left(1-\frac{A_p}{A-A_c}\right)\left(\alpha R_{imp}+\beta R_{per}\right)A+Q_w \tag{3.33}$$

社区总的暴雨径流量为所有模拟时间步长内径流量的和，流量峰值为整个时间步长内径流量的最大值。

3.2.1.4 绿色基础设施径流消减计算

1）下凹式绿地

下凹式绿地低于周围路面可以更多地滞蓄雨水。当积水深度超过绿地下凹深度时，多余的雨水量即外溢流出绿地。下凹式绿地的出流量（Q_s，m^3）计算公式如下：

$$Q_s=\begin{cases}\left(i\Delta t+q-f_s-\dfrac{1}{2}h_s\right)\beta A, & i\Delta t+q-f_s>\dfrac{1}{2}h_s\\ 0, & i\Delta t+q-f_s\leqslant\dfrac{1}{2}h_s\end{cases} \tag{3.34}$$

式中，i 为雨强（mm/min）；Δt 为模拟的时间步长（min）；q 为下凹式绿地上前一时段的降雨量（mm）；f_s 为下凹式绿地下渗量（mm）；h_s 为绿地下凹深度（mm）；β 为透水面积的比例（%）；A 为社区的面积（m^2）。

下凹式绿地配置下社区产生的径流量（R_s，m^3）计算公式为

$$R_s = \left(1 - \frac{A_p}{A - A_c}\right)\left(A \times \alpha R_{imp} + Q_s\right) + Q_w \tag{3.35}$$

2）调蓄池

调蓄池的作用是存储流入的雨水，当调蓄池存储的水量超过调蓄池的容量时，调蓄池不再调蓄，流入的雨水从溢流口流出。假定降雨时期内调蓄池的雨水不回用，计算过程中不考虑调蓄池中雨水的渗漏损失。调蓄池排出的雨水量（Q_r，m^3）用式（3.36）表示：

$$Q_r = \begin{cases} \mu R_c - \left(H_r - V_{r0}\right), & \mu R_c > H_r - V_{r0} \\ 0, & \mu R_c \leqslant H_r - V_{r0} \end{cases} \tag{3.36}$$

式中，μ 为雨水收集比例（%）；R_c 为时间步长内累积的径流量（m^3）；H_r 为调蓄池雨水存储能力（m^3）；V_{r0} 为降雨之前调蓄池的水量（m^3）。

调蓄池配置下社区的径流量（R_r，m^3）计算公式为

$$R_r = (1 - \mu) R + Q_r \tag{3.37}$$

3）透水砖铺装路面

透水砖的渗透系数远大于降雨强度，对降雨下渗无阻碍作用（王新星，2007）。透水砖层、找平层和垫层的有效空隙率和厚度决定了可滞蓄的最大雨水量。透水砖路面产流量（Q_p，m^3）计算公式如下：

$$Q_p = \begin{cases} \left(P - \eta\Delta t + F_c - H_p\right)\alpha A\omega, & P - \eta\Delta t + F_c > H_p \\ 0, & P - \eta\Delta t + F_c \leqslant H_p \end{cases} \tag{3.38}$$

式中，η 为地基土壤的下渗率（mm/min）；α 为不透水面积的比例（%）；A 为社区的面积（m^2）；F_c 为地基土壤累积容纳的雨量（mm）；H_p 为透水砖路面雨量存储能力（mm）；ω 为不透水地表透水铺装改造的比例（%）。

透水砖铺装配置下社区的径流量（R_p，m^3）的计算公式为

$$R_p = \left(1 - \frac{A_p}{A - A_c}\right)\left[\alpha A(1 - \omega) R_{imp} + Q_p + R_{per}\right] + Q_w \tag{3.39}$$

模型参数值的选取依据文献资料研究的结果和经典模型的参数默认值，如表 3-7 所示。

表 3-7 模型模拟的参数取值表

参数	取值	单位	来源
径流产流参数			
不透水地表填洼量	3	mm	徐向阳，1998

续表

参数	取值	单位	来源
透水地表填洼量	4	mm	雷晓辉等，2010
气象条件参数			
日均最高温度	31	℃	北京气象数据
日均最低温度	22	℃	北京气象数据
日平均温度	26.5	℃	北京气象数据
土壤性质参数			
饱和导水率	0.144	mm/min	谢永华和赵立新，1998
湿润锋处平均吸力	69.696	mm	符素华等，2002
饱和含水量	40.627	%	谢永华和赵立新，1998
初始含水量	26.279	%	谢永华和赵立新，1998
植被特征参数			
叶面积指数	3.85	—	Su and Xie，2003
消光系数	0.3	—	Wang et al.，2008
特定叶面储水量	0.2	mm	Wang et al.，2008
生态设施特征参数			
调蓄池雨水存储能力	300	m^3	模型假定
雨水收集比例	100	%	模型假定
绿地下凹深度	50	mm	模型假定
地基土壤下渗速率	0.3	mm/min	王新星，2007
透水铺装的储水能力	32.86	mm	王新星，2007

注：“—”表示无单位

3.2.1.5 模型效果评价方法

为了评价模型对实测水文过程模拟的效果，还要考虑模型效率。模型效率能提供实测值与预测值之间拟合效果的量化估计，并可用于模型预测与实测范围匹配的指示。采用模拟径流值与实测径流值线性回归的决定系数（R^2）及纳什效率系数（Nash-Sutcliffe efficiency coefficient，NSE）评价模型模拟实测水文过程的效果。纳什效率系数的计算公式如下：

$$\mathrm{NSE}=1-\frac{\sum_{i=1}^{N}(Q_{\mathrm{s}_i}-Q_{\mathrm{o}_i})^2}{\sum_{i=1}^{N}(Q_{\mathrm{o}_i}-\overline{Q_{\mathrm{o}}})^2} \tag{3.40}$$

式中，NSE 为用于衡量模型模拟实际时间序列上流量误差的纳什效率系数；Q_{s_i} 和 Q_{o_i} 为时间步长 i 的径流模拟值和观测值（m^3/min）；N 为整个模拟时间段的时间步数；$\overline{Q_{\mathrm{o}}}$ 为模拟时间段内实测径流的平均值（m^3/min）。纳什效率系数 NSE 的变化范围是负无穷到 1。若为 1，则表示模拟的和实测的水文过程线达到完美拟合。当 R^2>0.6 及 NSE>0.5 时认为模型的结果是较满意的（Moriasi，2007）。

3.2.1.6 模型验证与效果评价

模型验证选择北京市海淀区北苑家园望春园南出水口的汇水区，汇水区的面积为 29 500m^2，透水面积比例占总面积的 30.2%。2013 年 7～9 月在雨水出口处安装 ISCO 6712 全自动采样仪，用 750 面积速度流量计模块和 674 雨量计分别监测径流流量和记录降雨量（Teledyne ISCO，NB，USA）。研究区域的用地类型分布和实验监测点的信息如图 3-8 所示。研究区中绿地主要以大面积的草地为主，灌木和乔木的冠层较小，而且分布很少，在本节研究中为了简化，都按照草地来计算。

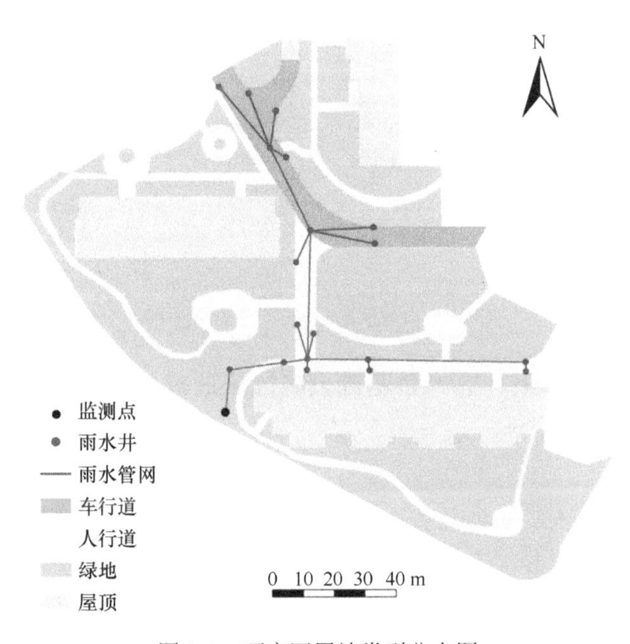

图 3-8 研究区用地类型分布图

在 2013 年监测的 4 场典型的降雨事件下（降雨量分别为 62.2mm、26.5mm、9.3mm 和 6.4mm），模拟降雨径流和监测径流线性回归的决定系数（R^2）分别为 0.68、0.71、0.67 和 0.43，纳什效率系数（NSE）分别达到 0.99、0.96、0.93 和 0.67，表明模型对径流过程的模拟效果良好（表 3-8）。2013 年 7 月 15 日和 8 月 11 日的模拟与实测的径流水文过程如图 3-9 所示。对较小的降雨事件下的径流过程，模型验证的效果不理想。由于模型中未划分汇水区，也没有使用排水管网数据，因此没有考虑径流汇水过程，使得对实际径流过程模拟的一致性和精确度不高。但是总径流量和径流峰值作为模型重点模拟和关注的输出结果，模型验证的精度是可以接受的。因此，模型验证结果表明模型是可靠和合理的。

表 3-8 模型性能评价的统计结果

日期（年.月.日）	降雨量（mm）	R^2	NSE
2013.7.15	62.2	0.68	0.99
2013.8.11 下午	26.5	0.71	0.96
2013.7.30	9.3	0.67	0.93
2013.8.11 上午	6.4	0.43	0.67

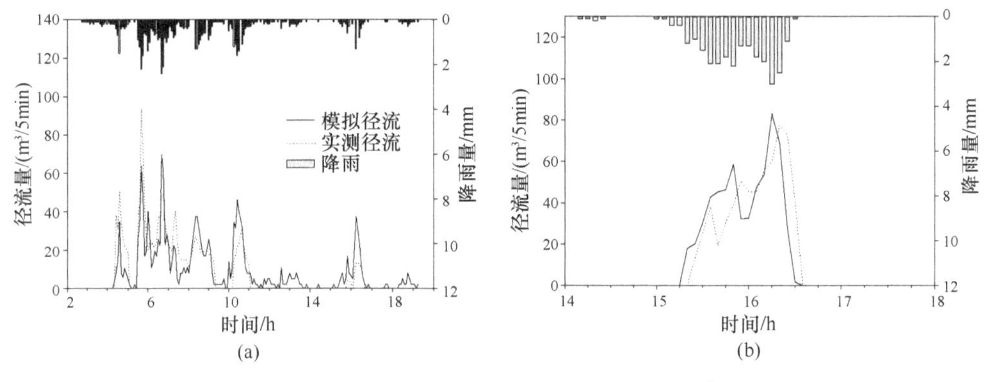

图 3-9 模拟与实测的径流水文图

（a）2013 年 7 月 15 日；（b）8 月 11 日

3.2.2 不同暴雨条件下社区绿色基础设施径流消减效果评价

3.2.2.1 暴雨雨型设计

暴雨的雨量设计参照北京市暴雨公式，雨型设计依据 Pearson type III curve 和 Pilgrim & Corde 雨量分配方法（Pilgrim and Cordery，1975）。北京市暴雨计算公式如下：

$$q = \frac{2001(1+0.811\lg P)}{(t+8)^{0.711}} \tag{3.41}$$

式中，q 为设计暴雨强度；P 为设计重现期；t 为降雨历时。

选择 1 年、2 年、5 年和 10 年重现期及时间间隔 5min 和历时 24h 的暴雨进行绿色基础设施暴雨径流消减作用的模拟，24h 的降雨量分别达到 45.59mm、71.97mm、115.16mm 和 158.34mm。

3.2.2.2 绿色基础设施模拟情景设计

选择北京市海淀区一典型城市社区进行情景模拟分析，社区总面积为

54 783m²，社区内包括住宅楼、办公楼、广场、草坪和道路等，绿地面积比率为30%，无水体；其中，绿地为透水地表，其他均为不透水地表。此社区代表了北京典型的新建社区特征。此情况下社区内无绿色基础设施配置，作为基本情景。

选择了 4 种在国内较为适合、易实施的典型绿色基础设施，设计了增加绿地面积、绿地下凹式改造、路面透水砖铺装和建造调蓄池 4 种单一设施情景，以及 1 种综合的设施情景。其中，综合设施是根据上述 4 种单一设施的水文联系和屋顶–道路–绿地之间的径流路径而组合。具体的绿色基础设施设置情景如下：①透水面积比例从 30%增加到 40%；②绿地改造成下凹深度 5cm；③建造地下调蓄池 1500m³；④50%的不透水地表用混凝土透水砖铺装；⑤综合情景，包含前面 4 种设施，即透水面积比例增加、绿地下凹式改造、建造调蓄池和透水砖铺装。

3.2.2.3 基本情景下降雨径流过程的水量平衡分析

基本情景下 1 年一遇暴雨重现期的降雨输入和模型模拟的径流输出水文图用来展示降雨和径流的过程变化（图 3-10）。暴雨径流的动态与暴雨事件相一致，表明模型能够模拟水文过程。在 1 年、2 年、5 年和 10 年的暴雨重现期下，最大的暴雨雨强分别为 0.9mm/min、1.9mm/min、2.5mm/min 和 2.8mm/min，产生的径流峰值分别为 47.3m³/min、97.8m³/min、131.1m³/min 和 152.4m³/min，表明随着降雨强度的增大，径流量和峰值大幅度增加。

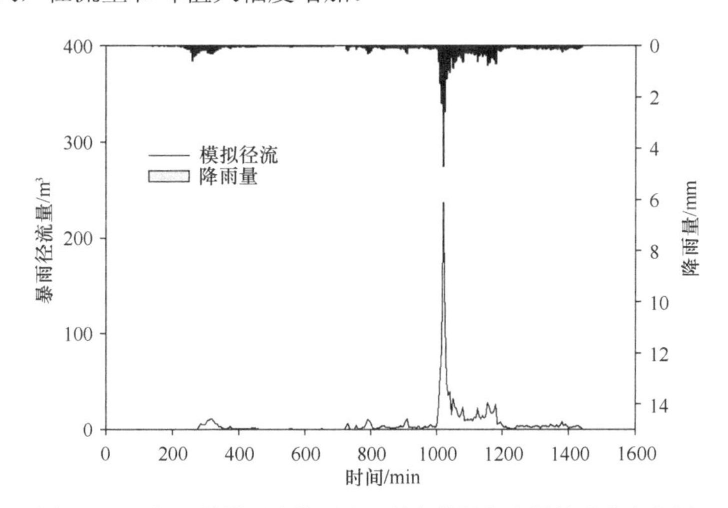

图 3-10 1 年一遇暴雨事件下降雨量和模拟径流量的动态变化图

基本情景下 1 年、2 年、5 年和 10 年暴雨重现期下累积降雨和径流的时间变化如图 3-11 所示。在 1 年、2 年、5 年和 10 年的暴雨重现期下累积径流量分别为 1546.9m³、2813.3m³、4858.0m³ 和 6894.8m³。随着暴雨事件重现期从 1 年增加到 10 年，径流降雨比率从 61.9%增加到 79.5%。

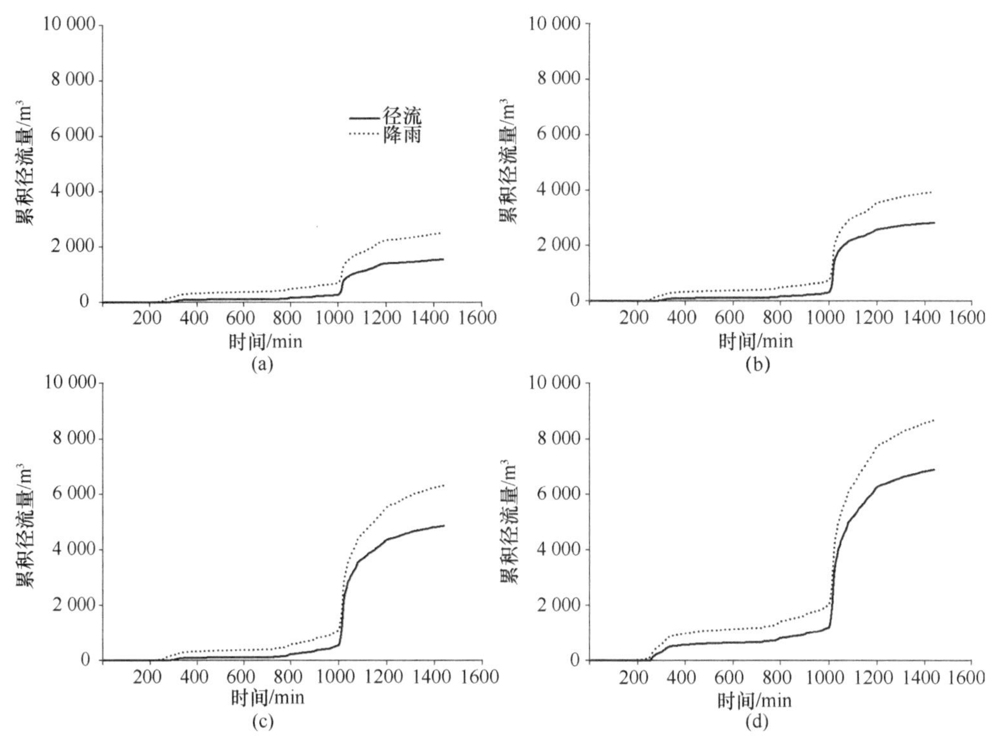

图 3-11 4 个暴雨重现期下的累积降雨和模拟径流量

(a) 1 年一遇；(b) 2 年一遇；(c) 5 年一遇；(d) 10 年一遇

模型模拟结果通过截留、下渗、蒸发、填洼和产流过程追踪暴雨事件的水量平衡。在本节研究中，不透水地表占模拟社区总面积的 70%，其产生的径流占降雨的比例最大，为 58.6%～66.77%。透水地表占总面积的 30%，所产生的径流占降雨的比例很少，为 3.27%～12.72%。下渗和蒸发是城市水文循环的重要过程。随着暴雨强度的增加，降雨下渗量和蒸发量所占比例分别为 25.41%～16.62%和 10.00%～2.94%。植被冠层截留量和地表填洼量占降雨的比例很少，比例范围分别为 0.51%～0.15%和 2.14%～0.80%（表 3-9 和图 3-12）。大面积的不透水地表对暴雨径流的贡献最大，这也是导致城市迅速扩张后洪涝事件频繁发生的原因之一。

表 3-9 降雨径流过程的水量平衡

暴雨重现期	不透水地表径流	透水地表径流	下渗量	截留量	蒸发量	填洼量
1 年一遇	58.67%	3.27%	25.41%	0.51%	10.00%	2.14%
2 年一遇	62.82%	8.53%	20.30%	0.32%	6.34%	1.69%
5 年一遇	65.51%	11.50%	17.85%	0.20%	3.96%	0.98%
10 年一遇	66.77%	12.72%	16.62%	0.15%	2.94%	0.80%

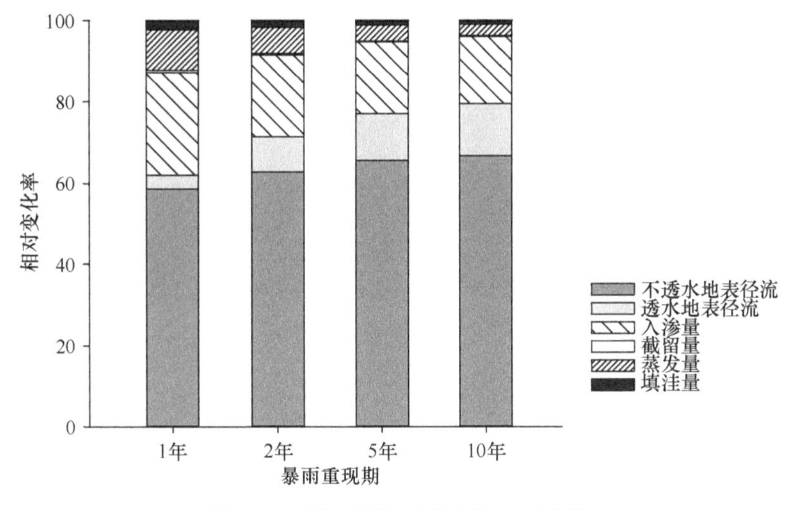

图 3-12 降雨径流过程的相对百分数

3.2.2.4 不同暴雨条件下绿色基础设施径流消减结果

1）绿地面积增加

如果社区内的绿地全部转变为不透水地表，在 1 年、2 年、5 年和 10 年暴雨重现期下的暴雨径流量分别为 2093.3m^3、3538.6m^3、5903.7m^3 和 8273.7m^3，径流峰值分别为 51.3m^3/min、101.7m^3/min、134.5m^3/min 和 155.4m^3/min；与基本情景的结果相比，径流量增加 35.3%～20.0%，径流峰值增加 8.4%～2.0%。结果表明转变之后，社区会更容易发生内涝事件。

若社区绿地面积比例从目前的 30%扩大到 40%，与基本情景相比较，在 1 年、2 年、5 年和 10 年暴雨重现期下径流量减少了 11.8%～6.7%；径流峰值为 46.0m^3/min、96.6m^3/min、129.9m^3/min 和 151.4m^3/min，其减少了 2.8%～0.7%（图 3-13a）。当绿地面积进一步增加到 50%时，在 1 年、2 年、5 年和 10 年暴雨重现期下径流量减少了 23.6%～13.3%；径流峰值变为 44.7m^3/min、95.3m^3/min、128.8m^3/min 和 150.4m^3/min，其减少了 5.6%～1.3%。不同暴雨重现期下径流量和径流峰值的结果表明绿地面积增加的暴雨径流消减效率相对较低。虽然社区内大量绿地面积可以消减雨洪，但是增加绿地面积在北京大部分社区受到空间限制。因此，仅利用扩大绿地面积来消减雨洪并不是合理可行的做法。

2）绿地下凹式改造情景

设计将平式绿地改造成低于周围路面 5cm，未考虑屋面和道路等不透水面径流流入绿地。与基本情景相比，下凹式绿地不再有溢流流出。在 1 年、2 年、5 年和 10 年暴雨重现期下，径流量消减了 5.3%～16.0%；径流峰值分别为 35.9m^3/min、

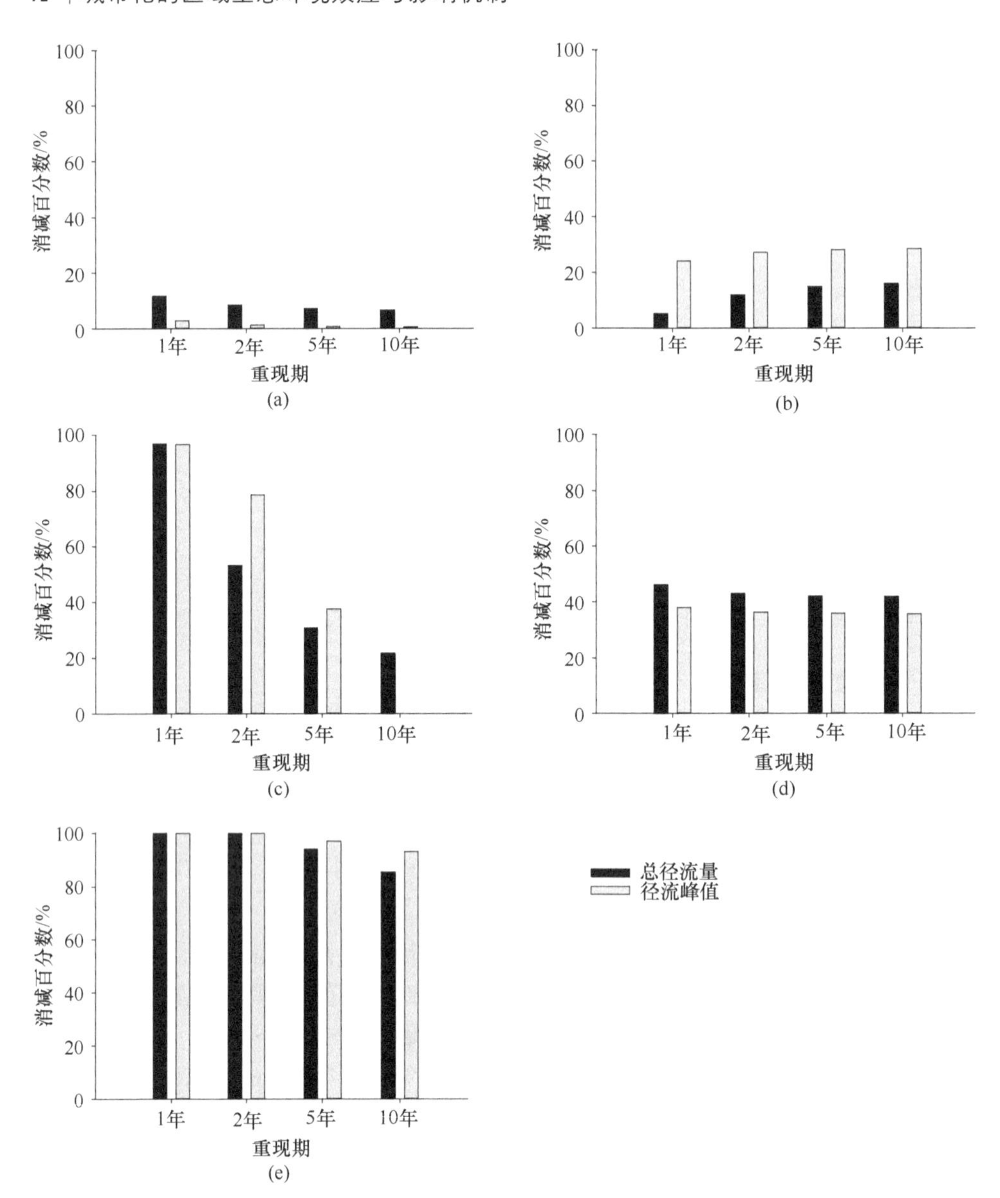

图 3-13　不同绿色基础设施情景下的径流总量和峰值消减效果

（a）透水面积从 30%增加到 40%；（b）绿地改造为下凹深度 5cm；（c）建造 1500m^3 调蓄池；（d）50%的不透水地表透水砖铺装改造；（e）包含以上 4 种措施的综合情景

71.2m^3/min、94.2m^3/min 和 108.7m^3/min，消减了 24.2%～28.6%（图 3-13b）。由于更多的雨水被绿地截蓄下渗，下凹式绿地在大的降雨条件下径流消减效果较好于小的降雨条件下。由于模拟的情景中下凹式绿地并没有考虑接纳不透水地表的径流，因此下凹式绿地只是消减了绿地产生的大部分径流，造成了低重现期下暴雨径流削减的比例小于高重现期的削减比例。下凹式绿地对总径流量的消减效果较小，是由于绿地对径流的贡献较低，在 4 个重现期的暴雨事件下分别占总各自总径流的 3.27%、12.72%、15.48%和 16.11%，因而调控雨洪的作用有限。下凹式绿地可以充分利用有限的绿地空间，增加绿地消减径流的潜力，增加绿地的下渗能力，更进一步补充地下水。

3）增设调蓄池情景

考虑到雨水资源的短缺，小区内可建造地下调蓄池，收集存储雨水再利用。假设在小区雨水出口处设置一调蓄池，拟建面积为 1500m^3。与基本情景的模拟结果对比，在 1 年、2 年、5 年和 10 年暴雨重现期下，径流量分别减少了 97.0%、53.3%、30.9%和 21.8%；同时径流峰值分别为 1.6m^3/min、20.9m^3/min、81.7m^3/min 和 152.4m^3/min，分别减少了 96.6%、78.7%、37.7%和 0%（图 3-13c）。在不同的暴雨重现期下，调蓄池的消减效果相差较大。在小的降雨事件下调蓄池对总径流量和流量峰值的消减效果很好，但是在大的降雨事件下消减效果较差，这是因为调蓄池的调控能力是由体积大小限制的。而且，由于设计的暴雨事件中，暴雨强度峰值靠后，在高重现期暴雨的峰值来临之前，调蓄池的储水量已满，无调蓄作用，导致其对高重现期暴雨径流峰值的消减效果甚微。尽管调蓄池对径流的消减效果受到降雨量的影响波动较大，但是其更多的目的是收集和存储雨水。目前北京市正在居住小区内推广调蓄池建设，收集的雨水用来灌溉绿地、补充水景观和洗车等，实现暴雨径流的消减和雨水的资源化利用。

4）路面透水砖铺装

若将 50%的不透水地表用混凝土透水砖铺装改造，与基本情景的模拟结果相比，在 1 年、2 年、5 年和 10 年暴雨重现期下，径流量减少了 46.2%～42.0%，径流峰值减少了 37.9%～35.7%（图 3-13d）。如果社区内除了屋顶（占社区面积的 20%）以外的所有不透水地表用透水砖铺装改造，在 4 个暴雨重现期下，径流量消减了 66.5%～59.6%，径流峰值消减了 54.2%～51.0%。在 4 个暴雨重现期下相比较，透水砖铺装消减效果较稳定，但是在大的降雨事件下的消减效果略差于小的降雨事件下，这是由于较大的雨强超过了透水砖铺装的渗透能力，雨水来不及下渗。由于透水地表的增加减小了不透水地表的产流量和产流速率，所以能够有效缓解不透水地表的积水问题。

结合以上结果分析和不同情景下径流过程图的比较分析（图 3-13，表 3-10）得出：下凹式绿地和透水砖铺装设施都有良好的消减径流量和径流峰值，以及增加雨水下渗量的效果。随着降雨强度的增加，下凹式绿地对径流的消减作用略增强但是效果有限，透水砖铺装的消减效果比较稳定。调蓄池的消减效果取决于它的体积和降雨量的大小。调蓄池和透水砖铺装设施都表现出在小的降雨事件下消减效果好于大的降雨事件下的现象。因此需要综合这些设施的配置，来达到更好更稳定的消减效果。

表 3-10　4 个暴雨重现期下不同绿色基础设施情景径流消减效果

模拟情景	径流量消减				径流峰值消减			
	1 年	2 年	5 年	10 年	1 年	2 年	5 年	10 年
绿地面积增加	11.77%	8.59%	7.18%	6.67%	2.79%	1.30%	0.87%	0.65%
下凹式绿地	5.28%	11.95%	14.93%	16.00%	24.15%	27.27%	28.16%	28.63%
调蓄池	96.97%	53.32%	30.88%	21.76%	96.64%	78.69%	37.69%	0
透水砖铺装	46.18%	42.99%	42.15%	42.00%	37.93%	36.36%	35.92%	35.68%
综合设施	100%	100%	94.24%	85.58%	100%	100%	97.09%	93.12%

5）综合情景

综合以上 4 种设施的配置，在 1 年和 2 年一遇的暴雨条件下社区径流全部被消减，实现社区零径流排放。在 5 年和 10 年一遇的暴雨条件下，径流量消减了 94.2%～85.6%，径流峰值消减了 97.1%～93.1%（图 3-13e）。综合设施能够同时较高地消减径流量和径流峰值，在 4 个暴雨条件下的暴雨径流消减效果均达到 85%以上。与单个设施情景相比，综合设施配置提高了径流消减效果，增强了不同降雨强度下的消减稳定性。在消减雨洪的同时，实现雨水下渗补给地下水和收集利用的效益。本节研究中，模型模拟输出的结果展示了综合径流消减措施与单个措施相比的良好效果。因此，合理设计综合的绿色基础设施配置可以达到最优的消减效果，实现雨洪调控和资源化利用。

3.2.2.5　单一情景下设施参数对社区径流消减效果的影响

1）不透水面积比例对径流的影响

研究区 5 年一遇的暴雨径流量随着透水面积比例的增加呈现减小趋势（图 3-14）。通过在社区中扩大绿地面积，当透水面积比例从 10%增加到 90%，径流降雨比率从 88.05%减小到 43.85%。甚至当透水面积比例在 90%时径流降雨比率超过 40%，这表明不透水面积决定着径流的产生过程。

根据绿地面积比例将北京市典型社区划分为 3 类：①新建社区要求透水面积比例达到 30%，与基本情景相同；②旧社区是在 20 世纪建成的，具有 10%的低透水面积比例；③别墅社区通常具有高透水面积比例，可以达到 50%。如图 3-14a 所示，旧社区具有较高的径流降雨比率，达到 85%，这可能造成严重的内涝问题。面对这个问题，政府需要采取一些措施来减少暴雨径流的排放，如通过建造雨水

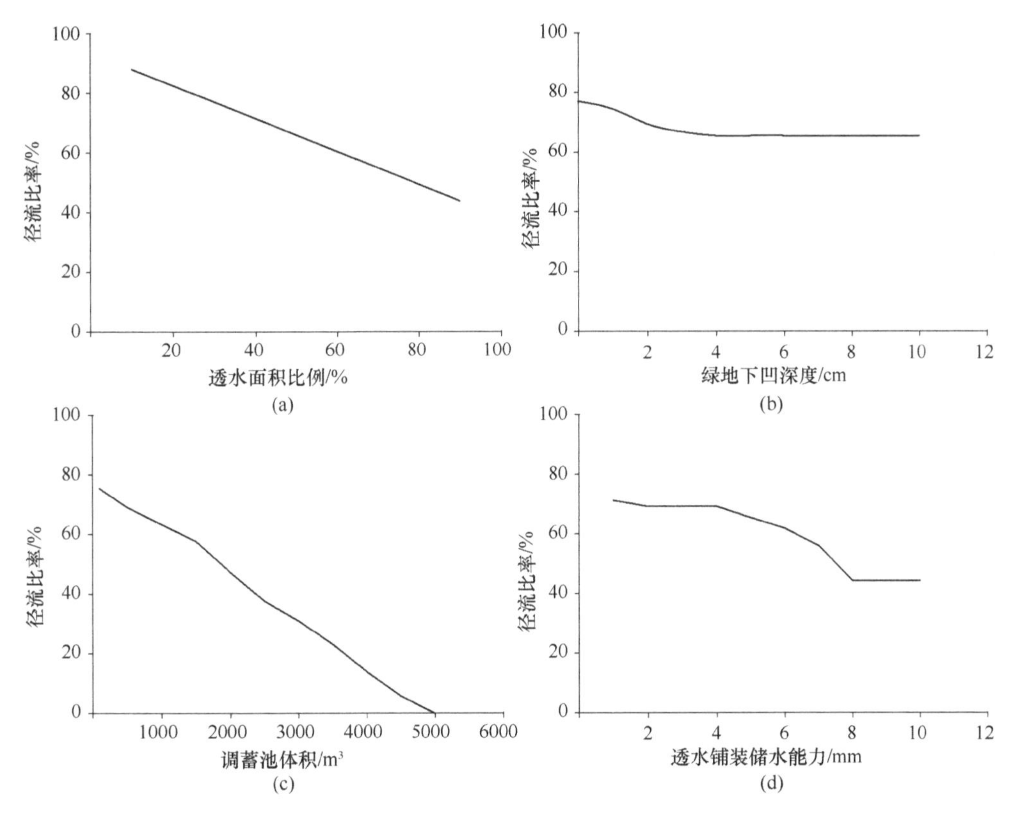

图 3-14 单一设施情景下设施规模对径流消减效果的影响

（a）透水面积比例；（b）绿地下凹深度；（c）调蓄池体积；（d）透水砖铺装储水能力

收集设施，或通过绿色屋顶和透水砖铺装来增加透水面积。与旧社区相比，新建社区的径流降雨比率降低到 77.00%，别墅社区的该比率降低到 65.95%。因此，在今后的社区建设开发中控制透水面积比例来减少暴雨径流排放是有必要的。

2）下凹深度对径流消减的影响

考虑到较高的人口密度，在城市地区增加绿地覆盖的范围通常受到限制。然而，北京大部分绿地是平式，造成现有绿地的渗透能力并没有得到充分的发挥。因此，将平式绿地改造成下凹式是减少暴雨径流的有效途径之一。如图 3-14b 所示，当绿地下凹深度从 0cm（平式）增加到 10cm，5 年一遇暴雨下的径流降雨比率从 77.00%减小到 65.51%。将平式绿地下凹式改造可以达到适中的径流消减效果。当下凹深度大于 4cm 后，下凹式绿地不再具有径流消减作用，是由于下凹式绿地的径流滞留能力在此时达到饱和。模型模拟的结果表明，通过较浅的下凹深度（4cm）绿地渗透能力能够大幅增加。下凹式绿地能够充分利用有限的绿地空间，增加绿地径流消减潜力，进一步补充城区地下水资源。

3）调蓄池体积对径流消减的影响

存储设施的体积直接决定了其滞留的径流体积和控制的径流排放量。如图 3-14c 所示，当调蓄池存储体积从 0m^3 增加到 5000m^3，5 年一遇暴雨下的径流降雨比率从 75.42%减小到 0%，存在较大的线性下降趋势。消减 5 年一遇暴雨事件下社区全部径流需要 4858m^3 的调蓄池。线性递减趋势表明径流消减依赖于调蓄池的存储能力。理想情况下，调蓄池只要有足够大的体积，就可以完全滞留社区的全部径流量。在实际的工程实践中，由于季节特征和成本因素，合理的调蓄池体积设计应当基于当地的降雨特征、社区规模和服务效率等（丛翔宇等，2006）。

4）透水砖铺装存储能力对径流消减的影响

不同的建造材料和方法导致各异的雨水存储能力，根据文献资料变化范围取值 1～10mm。在 50%的不透水地表透水砖铺装的情形下，当单位面积的存储能力从 1mm 变化到 10mm，5 年一遇暴雨下的径流降雨比率从 71.18%减小到 44.25%（图 3-14d）。由于径流消减依赖于地基土壤的渗透和存储，透水砖铺装的消减效果也呈现出线性递减趋势，存储能力在 8mm 时渗透能力接近最大值。将 50%的不透水地表透水砖铺装改造，5 年一遇暴雨下径流的消减效果可以达到 26.93%。因此，透水砖铺装可以减小径流系数，减小市政管网排水压力，从而有效缓解城区不透水地表的内涝问题。

3.2.2.6 综合情景下设施参数对社区径流消减效果的影响

4 种单一绿色基础设施下的模拟结果表明，除了调蓄池其他单一设施不能够完全消减暴雨（5 年一遇重现期）径流。调蓄池的体积需要大幅度的增加来完全消减径流，在许多情形下是不可行的，因此组合各种设施很有必要。

综合情景下 4 种绿色设施规模对径流消减效果的影响如图 3-15 所示。对社区 5 年一遇暴雨下 100%的径流消减可以通过扩大透水面积比例大于 50%，或者增加调蓄池体积达到 1800m^3，同时需要设置其他绿色基础设施来实现。在其他两个情形，当绿地下凹式改造成下凹深度 4cm，或者当 50%的不透水地表用单位面积存储能力为 8mm 的透水砖铺装代替，最大的径流消减效率达到 95%。与单一的绿色基础设施情景相比，在综合情景下较小的设施规模就可以实现较高的消减效率。这表明，综合设施不仅可以提高消减效率，而且可以节约设施建筑成本和实现多重效益。考虑到空间和成本的限制，有必要优化这些绿色基础设施的规模和组合结构来实现最大的暴雨径流消减效率。针对零暴雨径流排放和最少雨水收集的目标，社区可以采取以下优化设施实践：①将屋顶产生的径流引流到邻近的绿地，且绿地改造成下凹深度 6cm；②道路、广场和人行道（假设这些面积占到社区 50%的不透水面积）用单位面积储水能力为 8mm 的透水砖铺装改造；③在排水管网末端建造 223m^3 的调蓄池收集存储暴雨径流。通过这些绿色基础设施的实施，可以实现在 5 年一遇的暴雨事件下社区零径流排放。对更大的暴雨事件，需要适当地增加优化的绿色基础设施规模来实现同样的径流消减目标。

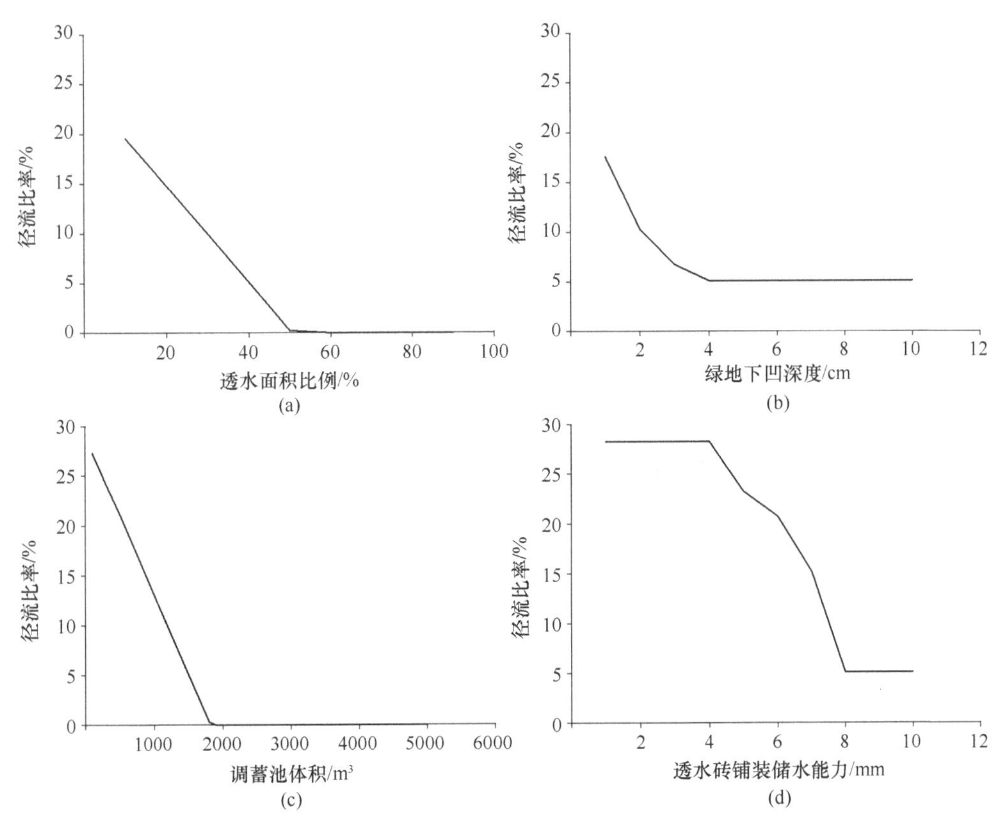

图 3-15　综合设施情景下设施规模对径流消减效果的影响

（a）透水面积比例；（b）绿地下凹深度；（c）调蓄池体积；（d）透水砖铺装储水能力

3.3　城区雨水可利用潜力评价

3.3.1　雨水可利用潜力评价模型和数据

3.3.1.1　研究区域

本节研究估算评价了北京城区五环内（面积为 666.02km^2）的雨水可利用潜力。该研究区域具有典型的半湿润大陆性季风气候，四季分明，夏季炎热多雨，且降雨多为强对流天气造成的暴雨。北京地区年均温度为 13.1℃，年均蒸发量约 980mm，平均降水量（1951～2008 年）为 592mm，其中 81.6%（483mm）的总降水量集中在 6～9 月的汛期时间，月均降水量的百分数分布如图 3-16 所示。

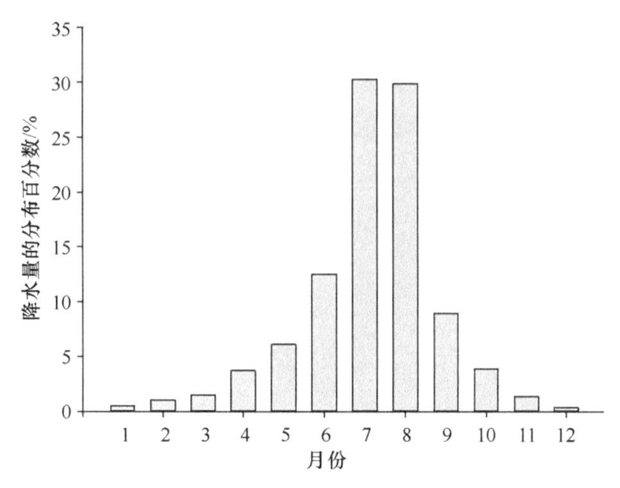

图 3-16 北京 1951～2008 年月均降水量的分布百分数

北京被列为全球前十位的水资源缺乏城市之一。目前人均可用水资源量仅有 $118.6m^3/a$，这是全国平均水平的 1/20、世界平均水平的 1/60，表明北京属于极度缺水的地区。地下水超采、河流流量减少、水质恶化等使得水资源短缺问题更加严重。由于北京地区没有较大的河流流经，北京市的供水主要依靠地下水和天然降水。北京市民的主要水源取自地下水和 3 个大型水库，而大型水库由于露天和管理不善、年降雨补给水资源能力不强等原因，目前天然降水只占年供水量的小部分。当前，北京市政供水水源大部分是地下水，占到 75%的供水量。北京市快速城市化进程已经对北京市地下水资源造成了巨大的损耗，年地下水取水量已经远远超出年地下水的自然补给量。地下水的过度开采导致地下水位下降和地面沉降。北京地下水已连续 15 年超采，地下水水位每年都以一定的速度在下降，截至 2014 年 1 月地下水位比 1998 年同期下降 12.83m。地下水资源量的减少甚至引起了地面沉降，地下水降落漏斗（最高闭合等水位线）面积 $1057km^2$。水资源紧缺已成为制约首都社会经济可持续发展和环境质量改善的因素。根据北京市节水办公室发布的数据，截至 2018 年 7 月，全市累计建成城镇雨水利用工程 1396 处，具备综合雨水利用能力 3347 万 m^3。收集的雨水通常用来灌溉绿地、洗车和冲厕等。

3.3.1.2 降雨数据

降雨历时和雨强会影响雨水的可利用性。然而，北京各个行政区每分钟时间尺度的降雨数据很缺乏。本节研究中，选择以 10min 为间隔，接近整个北京市 592mm 平均降雨量的 1 年的降雨数据来代表典型降雨事件，并进行模拟。根据潘安君等（2010）的研究，北京城区多年平均降雨量的变化在 3%左右。因此，在本节研究中对城区降雨量的空间差异性未作考虑。2013 年 10min 间隔的降雨数据和日均温度数据从中国科学院生态环境研究中心气象站（40°00′26″N，116°20′17″E）

获得。全年降雨事件的频数分布见表 3-11。2013 年 4～10 月总的降雨量为 473.9mm，占年降雨量 481.2mm 的 98.5%。

表 3-11　2013 年 4～10 月的降雨事件统计结果

	≤1mm	1～5mm	5～10mm	10～20mm	20～40mm	≥40mm
频数	5	25	9	5	4	3
总降雨量/mm	3.4	55.2	64.0	87.5	93.4	170.4
所占百分数	0.73%	11.64%	13.50%	18.46%	19.71%	35.96%

3.3.1.3　城区下垫面面积

城市下垫面的类型和组成决定了降雨产生的径流量。各类型下垫面面积通过对 ALOS（advanced land observing satellite）影像（2009 年 10 月 22 日）解译获得，分类精度达到了 94.14%（图 3-17）。屋顶面积从北京市建筑物电子地图计算获得。硬化地表面积等于解译的不透水面积减去屋顶的面积。北京五环内不同下垫面面积和所占的比例如表 3-12 所示。屋顶面积占到大约一半的不透水面积，另一半的

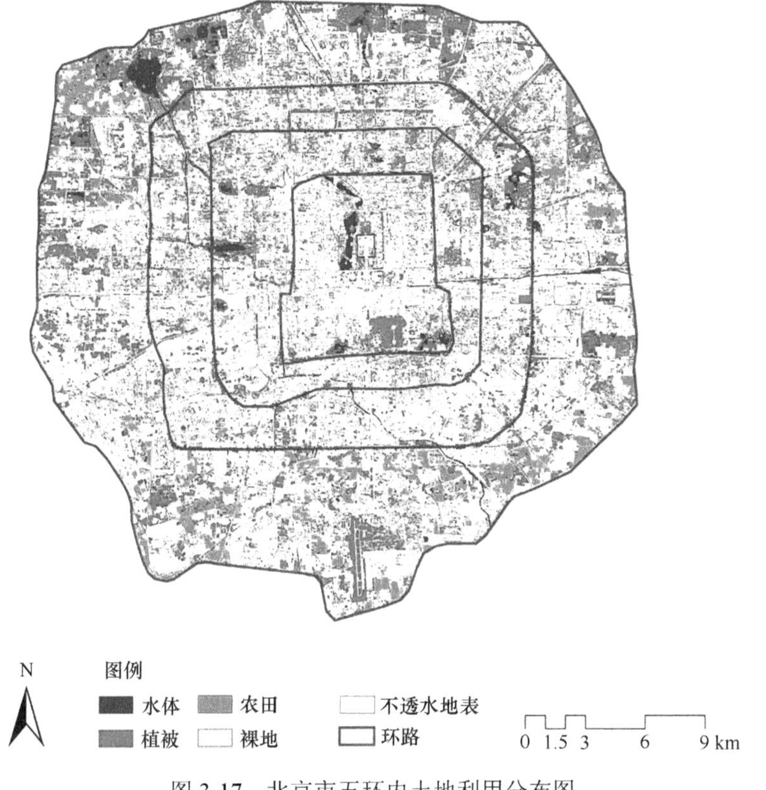

图 3-17　北京市五环内土地利用分布图

表 3-12 北京城区（五环内）的下垫面面积

下垫面类型	屋顶	硬化地表	绿地	裸地	农田	水体	总面积
面积/km^2	224.12	203.32	186.56	9.54	31.91	10.57	666.02
百分数	33.65%	30.53%	28.01%	1.43%	4.79%	1.59%	100%

面积是硬化地表，主要包括道路、人行道、广场、运动场和停车场等。绿地面积占到了接近 1/3 的五环内面积。裸地、农田和水体由于面积较少，而且产流和出流很少，因此在雨水可利用潜力的估算中被忽略。

3.3.1.4 雨水可利用潜力估算方法

本节研究利用不同下垫面的面积和 10min 短时间步长的全年降雨数据，基于水量平衡的方法来估算雨水可利用潜力。选择屋顶、硬化地表和绿地 3 种下垫面来计算雨水潜力。由于初期径流中污染物浓度高，屋顶和硬化地表的初期径流被弃流。模型的计算框架如图 3-18 所示。

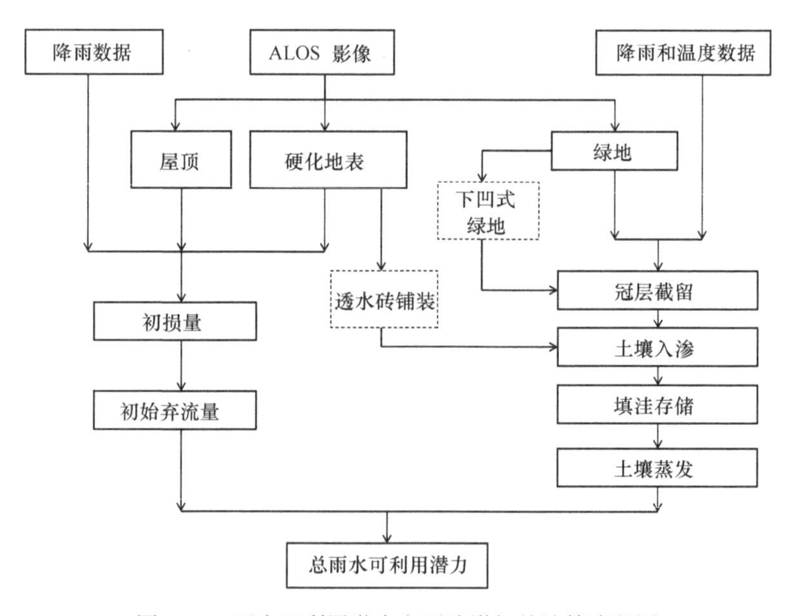

图 3-18 雨水可利用潜力和下渗增加的计算流程图

屋顶可收集利用的雨水体积等于降雨量减去降雨初损量和初期弃流量。屋顶的雨水可利用潜力（R_F，m^3）计算公式表达为

$$R_F = \left(P - L_F - B_F\right) \times A_F \tag{3.42}$$

式中，P 为降雨量（mm）；L_F 为屋顶的降雨初损量；B_F 为屋顶的初始弃流量（mm）；A_F 为屋顶面积（m^2）。城市地区暴雨初始冲刷下的径流具有很高的污染物浓度。

初期弃流量是在降雨初期从径流中分离出来的污染物浓度较高的一部分雨水量。不同研究者根据不同情况提出了各种初期弃流量。例如，Yaziz 等（1989）认为小型屋面的初期弃流量为 0.005m^3；Cunliffe（1998）的研究表明，澳大利亚普通家庭屋面的初期弃流量为 0.02～0.025m^3。Coombes（2002）对澳大利亚 27 个住宅单元的雨水利用系统的研究结果认为，初期弃流量可设为 2mm。

类似地，硬化地表的雨水可利用潜力（R_H，m^3）计算公式表达为

$$R_H = (P - L_H - B_H) \times A_H \tag{3.43}$$

式中，L_H 为硬化地表的降雨初损量；B_H 为硬化地表的初始弃流量（mm）；A_H 为硬化地表面积（m^2）。

截留和下渗过程较大地影响绿地产生的径流量，特别是在小的降雨事件下。当降雨超过绿地的雨水滞留能力时，绿地产生的多余径流溢流到硬化地表，然后与其他径流汇合流入调蓄池中。于是，绿地溢流量（R_G，m^3）的计算公式为

$$R_G = (P - C - F - D - E) \times A_G \tag{3.44}$$

式中，C 为植被冠层截留量（mm）；F 为下渗到土壤的量（mm）；D 为绿地的填洼量（mm）；E 为土壤蒸发量（mm）；A_G 为绿地面积（m^2）。各个变量的计算公式如表 3-13 所示。

表 3-13 绿地溢流的计算方程

变量名称	方程
截留量	$C = S_L \times \text{LAI}$
下渗量	$F_t = K_s t + S_f \Delta\theta \ln(1 + F / S_f \Delta\theta)$
填洼量	$D = \text{Sd}_{max}\left[1 - \exp(-\text{PC} / \text{Sd}_{max})\right]$
蒸发量	$E = \text{ET}(1 - W_r / W_{max})$ $\text{ET} = 0.0023 \times (\text{RA}_{max} / \lambda)(T_{max} - T_{min})^{0.5}(T_{av} + 17.8)$

注：S_L 为特定的叶面储水量（mm）；LAI 为叶面积指数；K_s 为饱和导水率（mm/min）；t 为降雨时间间隔（min）；S_f 为湿润锋处的平均吸力（mm）；$\Delta\theta$ 为土壤水分亏缺（%），是指饱和含水量和初始含水量之差；F_t 为随下渗时间累积的下渗量（mm）；F 为累积下渗量（mm）；Sd_{max} 为绿地填洼储水量（mm）；PC 为累积的剩余降雨量（mm），是指降雨减去截留和下渗的量；ET 为潜在蒸发量（mm）；W_r 为非饱和的水分存储量（mm）；W_{max} 为土壤最大含水量（mm）；RA_{max} 为地外辐射[MJ/(m^2·d)]；λ 为水的气化比潜热（MJ/kg），通常取值为 2.45MJ/kg；T_{max} 为日最高温度（℃）；T_{min} 为日最低温度（℃）；T_{av} 为日均温度（℃）

模型连续模拟屋顶、硬化地表和绿地在一年中所有降雨事件下的雨水可利用量。这 3 类地表雨水可收集利用量的总和就是研究区的年雨水可利用潜力。

为了增加雨水收集系统的暴雨径流消减潜力，考虑将下凹式绿地和透水砖铺装渗透设施加入系统中，雨水通过下渗补给地下水实现间接利用。

下凹式绿地的出流量（R_c，m^3）计算公式为

$$R_c = \begin{cases} \left(P_c + q - f_c - \frac{1}{2}h_c\right)A_G, & P_c + q - f_c > \frac{1}{2}h_c \\ 0, & P_c + q - f_c \leqslant \frac{1}{2}h_c \end{cases} \tag{3.45}$$

式中，P_c为植被冠层截留后的净雨量（mm）；A_G为绿地面积（m^2）；q为前一时间段下凹式绿地存储的水量（mm）；f_c为下凹式绿地的渗透量（mm）；h_c为下凹绿地的下凹深度（mm）。

透水砖铺装的径流量（R_p，m^3）的计算公式如下：

$$R_p = \begin{cases} \left(P - \eta\Delta t + F_p - H_p\right)\beta A_p, & P - \eta\Delta t + F_p > H_p \\ 0, & P - \eta\Delta t + F_p \leqslant H_p \end{cases} \tag{3.46}$$

式中，η为地基土壤的下渗速率（mm/min）；F_p为地基土壤累积含水量（mm）；H_p为透水砖铺装最大的储水能力（mm）；β为透水砖铺装改造硬化地表的比例；A_p为硬化地表面积（m^2）；P为降雨量（mm）；Δt为降雨时间（min）。

计算方程按照水文过程的顺序整合，模型的模拟利用R语言代码编写算法在R软件（version 2.14.1）中运行计算。

3.3.1.5 参数取值

雨水可利用潜力的计算中参数的取值参考相关文献资料，如表3-14所示。由于北京城区五环内地形平坦，在选取参数值时假定各下垫面的地形是平的。

表3-14 模型计算的参数取值及其来源文献

参数	符号	取值	单位	来源
饱和导水率	K_s	0.144	m/min	谢永华和赵立新，1998
土壤水分亏缺	$\Delta\theta$	14.348	%	谢永华和赵立新，1998
湿润锋平均吸力	S_f	69.696	mm	符素华等，2002
土壤最大含水量	W_{max}	121.2	mm	任树梅等，2000
叶面积指数	LAI	3.85	—	Su and Xie，2003
特定的叶面积存储	S_L	0.2	mm	Wang et al.，2008
屋顶初损量	L_F	2	mm	Lange et al.，2012
硬化地表初损量	B_F	3	mm	徐向阳，1998
绿地最大填洼量	Sd_{max}	3.5	mm	Chen and Adams，2007
屋顶初始弃流量	L_H	2	mm	车伍等，2007
硬化地表初始弃流量	B_H	5	mm	车伍等，2007
地基土壤下渗速率	η	0.3	mm/min	王新星，2007
透水砖铺装的最大储水能力	H_p	32.86	mm	王新星，2007

3.3.2 雨水可利用潜力和影响因素

3.3.2.1 总雨水可利用潜力分析

通过模型和定义的参数值及降雨数据、温度数据和解译的下垫面面积计算得到的雨水可利用潜力结果总结如表 3-15 所示。

表 3-15 不同下垫面的雨水可利用潜力及水量平衡

组成	RAP/万 m^3	雨水收集比率	降雨损失比率					
			L	*B*	*C*	*F*	*D*	*E*
屋顶	7 455	70.20%	13.08%	16.72%	—	—	—	—
硬化地表	5 226	54.25%	16.46%	29.29%	—	—	—	—
绿地	2 767	31.30%	—	—	3.74%	51.39%	3.19%	10.38%
总潜力	15 449	53.09%	10.23%	15.80%	1.14%	15.61%	0.97%	3.16%

注：*L* 为初损量；*B* 为初期弃流量；*C* 为植被冠层的截留量；*F* 为下渗到土壤的量；*D* 为绿地的填洼量；*E* 为土壤的蒸发量。“—”表示无数据

2013 年研究区总雨水可利用潜力（RAP）为 1.54 亿 m^3，约 53%的降雨可以被有效地收集利用。屋顶具有最高的雨水收集比率，70.20%的屋顶降雨可以被利用。而且，屋顶占到 1/3 的下垫面面积，贡献了总雨水可利用潜力的 48.26%。硬化地表具有比屋顶较大的降雨初损量和初期弃流量，其雨水收集比率降低到 54.25%。约相同面积的硬化地表具有 5226 万 m^3 的雨水可收集利用潜力，比屋顶少了 2229 万 m^3，占到总雨水可利用潜力的 33.83%。绿地的雨水可利用潜力比屋顶和硬化地表的都少很多。在绿地中，大部分的降雨渗透到土壤中，渗透比率占到 51.39%，仅有 31.30%的降雨以径流的形式可以收集利用。其他部分的降雨通过植被冠层截留、填洼和蒸发而损失。总之，绿地提供了 2767 万 m^3 的雨水可利用潜力，贡献了 17.91%的总雨水可利用潜力。

然而，在实际情形中，当考虑到坡度时，屋顶和硬化地表的初损量，以及绿地的填洼量会轻微减小。表 3-15 中的水量平衡结果表明，初损量和填洼量分别占到 15%和 3%的雨水可利用潜力。因此，基于线性关系可以推断出这些参数很小的变化对雨水可利用潜力的影响是微小的。

模型模拟采用水量平衡和水文过程的经典公式计算，因此模型的准确性是可信任的。尽管在城市区域大的尺度上直接验证模型性能比较困难，但是模拟得到的径流降雨比率接近国内的一些研究。例如，基于 58 年长时间的降雨数据和大尺度的地形数据，计算得到的南京城区平均径流系数为 0.66（Zhang et al.，2012）；北京屋顶的径流降雨比率为 0.62（Zhang et al.，2009）。这些结果都间接地验证了

模型预测结果在合理的范围内。

基于国家统计局的人口密度数据及住房和城乡建设部 2006 年的城市居民用水标准，总雨水可利用潜力相当于64.33%的研究区内居民年生活用水量；仅屋顶的雨水潜力就可提供39.84%的研究区内居民的年冲厕用水量（1.87 亿 m^3）。因此，北京城区雨水收集和利用有着巨大潜力来替代饮用水的消耗。

3.3.2.2 屋顶雨水可利用潜力

就地收集的屋顶雨水通常是比较洁净的替代水源，只需要简单的处理就可以进行广泛使用（Apostolidis and Hutton，2006）。而且，雨水收集设施在城市社区的建筑物上比较容易安装。因此，屋顶是城区最理想的雨水收集区域。因此，分析单位面积屋顶每天的雨水可利用潜力可以为优化雨水罐和水箱的体积提供支持。图 3-19 展示了 2013 年有效雨水可收集日下单位面积屋顶每天的雨水可利用潜力。

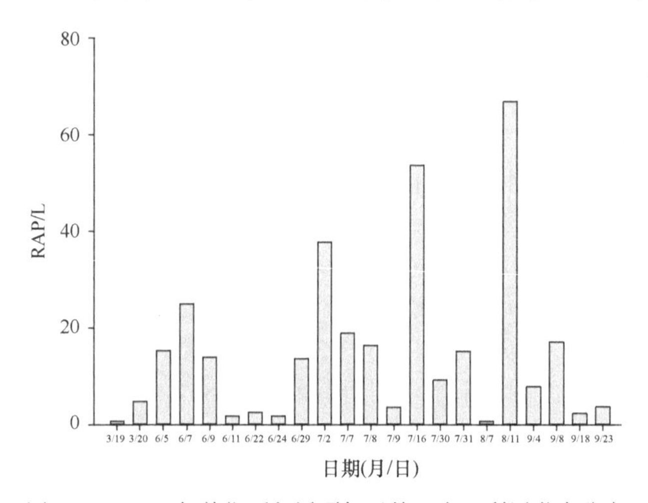

图 3-19　2013 年单位面积屋顶每天的雨水可利用潜力分布

2013 年屋顶有 22 天的有效雨水收集日，其中 90.9%的有效收集雨日集中在6～9 月的汛期。由于降雨事件的集中，屋顶的每日雨水可利用潜力存在很大的差异。屋顶单位面积每日雨水可利用潜力变化为 0.7～66.9L，每日平均潜力为 15.1L，标准误差为 18.3L。据此，要收集屋顶全年的可利用雨水需要储水设施的存储能力大于 66.9L/m^2 及收集的雨水在下个雨日之前及时用掉；若要收集 90%的全年可利用雨水时需要储水设施存储能力大于 43.6L/m^2。

储水罐和水箱的最佳体积设计要依据屋顶面积、降雨量和使用者的用水需求。由于北京大部分降雨集中出现在夏季月份（图 3-16），导致每日屋顶的雨水潜力差异很大（图 3-19），这意味着理论上储水罐和水箱需要足够大才能在降雨季节收集全部的可利用雨水。然而，这些设备在干燥少雨的冬季和春季月份几乎没有使用。

由于雨水收集系统成本的控制，储水设施的设计要满足所有的需要并不经济节约。因此，雨水收集工程需要考虑储水设施的服务效率和投资成本之间的权衡。

3.3.2.3 渗透设施暴雨径流消减潜力分析

硬化地表和绿地的雨水收集系统通常受到有限的城市空间、成本和水质的限制（左建兵等，2009）。通过渗透设施如下凹式绿地改造和透水砖铺装可以实现对这些地表流出雨水的间接利用。这些设施能够增加地表渗透能力，增大下层土壤的储水量或补充地下水，以及减缓暴雨洪涝和街道水淹的状况。

对绿地和硬化地表做渗透设施改造后，得到了较高的径流消减和渗透增加效果，如表 3-16 所示。在 2013 年的降雨条件下，下凹深度 5cm 的绿地径流比率降低到 12.41%，增加了 18.89%的降雨下渗到土壤，其中有 70.28%的降雨下渗被植物利用或补充地下水。此外，为了节约成本，屋顶储水箱体积可以适当减小，其溢流可以导入下凹式绿地中增大绿地的雨水下渗量。硬化地表透水砖铺装的径流比率减少到 40.80%，增加渗透比率到 55.69%。因此，渗透设施能够有效增加雨水收集系统的暴雨径流消减和地下水补给潜力。另外，其他效益如分散径流初始冲刷和水质改善也可以借助暴雨径流消减获得。

表 3-16 下凹式绿地和透水砖铺装的径流/渗透降雨比率

地表类型	径流比率	渗透比率
下凹式绿地	12.41%	70.28%
透水砖铺装	40.80%	55.69%

3.3.2.4 降雨特征对雨水可利用潜力的影响

降雨特征的变化对给定研究区的雨水可利用潜力会有较大的影响。降雨量决定了降雨产生的径流量大小；由于降雨强度约束着降雨下渗速率，所以雨强会对绿地的径流降雨比率产生影响。降雨量对雨水可利用潜力的影响可通过比较在总降雨量分别增加 10%、20%、30%、40%和 50%，且降雨量频率不变情形下的雨水潜力得到。不同降雨量增加量对各下垫面雨水可利用潜力的影响结果如表 3-17 和图 3-20a 所示。结果表明，降雨量对估算的雨水可利用潜力影响较大。因此，利用长时间的降雨数据可减少雨水潜力估算的不确定性。

表 3-17 降雨量变化对总的雨水可利用潜力的影响

项目	降雨量增加百分数				
	10%	20%	30%	40%	50%
总的雨水可利用潜力/亿 m^3	1.77	1.99	2.22	2.46	2.69
潜力增长百分数/%	14.40	29.11	44.01	59.09	74.42

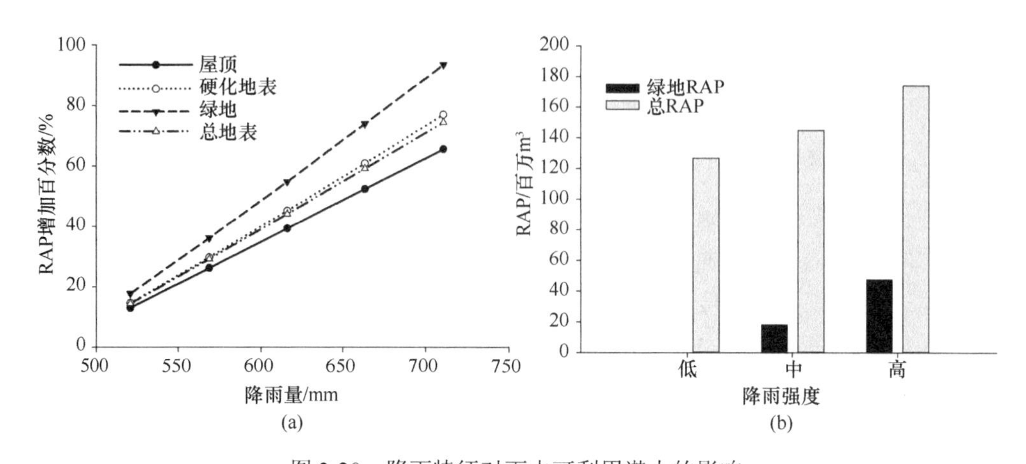

图 3-20 降雨特征对雨水可利用潜力的影响

（a）雨水可利用潜力随着降雨量增加的变化；（b）雨水可利用潜力在不同降雨强度下的变化

降雨强度对雨水可利用潜力的影响通过在降雨量恒定的条件下，不同雨强分布情形的雨水潜力来比较。2013 年所有降雨事件根据降雨强度归为 3 种类型。依据气象学词典划分为，低强度降雨（降雨强度小于 2.5mm/h）、中强度降雨（降雨强度在 2.5～7.6mm/h）和高强度降雨（降雨强度大于 7.6mm/h）。假设年降雨总量恒定，所有降雨事件用上面 3 种强度的降雨类型分别替代。这些不同雨强的降雨数据作为模型计算的输入。模拟结果如图 3-20b 所示，在低、中、高 3 种降雨强度情景下雨水可利用潜力分别为 1.26 亿 m^3、1.45 亿 m^3 和 1.74 亿 m^3，绿地雨水可利用潜力分别为 0 万 m^3、1820 万 m^3 和 4764 万 m^3。绿地在高强度降雨条件下的雨水潜力是中强度下的 2 倍多。与 2013 年的雨水可利用潜力相比，潜力在低强度和中强度的雨强下分别减少了 17.91%和 6.13%，在高强度的雨强下潜力增加了 12.93%。因此，由于雨强的季节变化，短时间步长的降雨能够提高雨水可利用潜力估算的准确性和雨水收集系统设计的可靠性。

3.3.2.5 社区雨水收集系统设计

假设某社区面积 $1hm^2$，具有 1000 个居民，包含 8 栋面积均一且具有 $500m^2$ 屋顶的住宅楼、$3000m^2$ 的硬化地表和 $3000m^2$ 的绿地。雨水收集系统设计为收集屋顶径流，每栋楼的雨水存储在 $7m^3$ 的雨水罐中（$14L/m^2$），通过雨水罐可以存储 56.43%的屋顶雨水径流。其他的雨水溢流引入 5cm 下凹深度的绿地进行下渗。此外，硬化地表通过透水砖铺装来消减暴雨径流和增加下渗土壤。透水砖铺装和下凹式绿地的出流通过管道排入容积为 $542m^3$ 的地下调蓄池中，如此可以收集全部的出流。因此，通过在社区中实施上述规模的雨水收集系统措施可以实现社区 2013 年全年零径流排放。如果社区利用这些雨水收集措施，其中雨水罐和调蓄池可以收集存储 $1795.43m^3$ 的雨水，此水量占到 2013 年 6～9 月的总降雨量的

42.28%；同时，有 1942.60m^3 雨水可通过下凹式绿地和透水砖铺装下渗到土壤中或部分补充地下水。总体而言，88%的降雨能够有效收集利用，其中，42.28%的雨水通过存储设施可以直接收集利用，45.75%的雨水通过渗透设施可以间接利用。

3.4 小 结

本章提出了一种耦合蒙特卡罗模拟与 Copula 模型计算区域生态风险评价中单一指标风险概率和复合风险概率的方法，将该方法应用于北京市六环内水环境风险模拟；基于水量平衡和城市水文过程，构建了社区尺度绿色基础设施消减暴雨径流模型，基于情景模拟分析不同绿色基础设施配置下社区暴雨径流消减效果；耦合水量平衡和城市水文循环过程估算了北京市五环内城区屋顶、硬化地表和绿地的雨水可利用量，从饮用水替代、暴雨径流消减和渗透增加三方面评价了雨水可利用潜力。研究表明：①北京六环内区域地表径流风险概率、总氮污染物负荷风险概率和复合风险概率的平均值分别为 0.33、0.44 和 0.23；3 种类型的风险概率在研究区域均处于中等水平，但表现出高度的空间异质性和城郊梯度特征；3 种风险类型中，复合风险总体上是主要的风险类型。②社区尺度单个设施的径流消减效果较好，但是消减作用有限，效果单一；综合绿色基础设施配置不仅具有良好的径流消减效果，而且可以实现雨水下渗和收集利用的环境经济效益，是社区消减雨洪和雨水资源利用的最优实践措施之一。③北京市五环内城区总的雨水可利用潜力通过非饮用的利用可以替代部分饮用水水源，而且能够减少对饮用水的消耗；屋顶具有较高的雨水收集比率；降雨作为模型的输入，其降雨量和雨强较大地影响雨水可利用潜力。

参 考 文 献

车伍, 张炜, 李俊奇, 等. 2007. 城市雨水径流污染的初期弃流控制. 中国给水排水, 23(6): 1-5.
丛翔宇, 倪广恒, 惠士博, 等. 2006. 基于 SWMM 的北京市典型城区暴雨洪水模拟分析. 水利水电技术, 37(4): 64-67.
符素华, 刘宝元, 吴敬东, 等. 2002. 北京地区坡面径流计算模型的比较研究. 地理科学, 22(5): 604-609.
雷晓辉, 蒋云钟, 王浩. 2010. 分布式水文模型 EasyDHM. 北京: 中国水利水电出版社.
李家科, 李亚娇, 李怀恩. 2010. 城市地表径流污染负荷计算方法研究. 水资源与水工程学报, 21(2): 5-13.
欧阳威, 王玮, 郝芳华, 等. 2010. 北京城区不同下垫面降雨径流产污特征分析. 中国环境科学, 30(9): 1249-1256.
潘安君, 张书函, 陈建刚. 2010. 城市雨水综合利用技术研究与应用. 北京: 中国水利水电出版社.
任树梅, 周纪明, 刘红, 等. 2000. 利用下凹式绿地增加雨水蓄渗效果的分析与计算. 中国农业大学学报, 5(2): 50-54.
王晓燕, 王晓峰, 汪清平, 等. 2004. 北京密云水库小流域非点源污染负荷估算. 地理科学, 24(2): 227-231.
王新星. 2007. 住宅小区不同下垫面滞蓄雨水的效果评价. 中国农业大学硕士学位论文.
谢永华, 赵立新. 1998. 田间土壤特性的空间变异性. 中国农业大学学报, 3(2): 41-45.
徐向阳. 1998. 平原城市雨洪过程模拟. 水利学报, (8): 34-37.
左建兵, 刘昌明, 郑红星. 2009. 北京市城市雨水利用的成本效益分析. 资源科学, 31(8): 1295-1302.
Apostolidis N, Hutton N. 2006. Integrated Water Management in brownfield sites–More opportunities than you think. Desalination, 188: 169-175.
Bevacqua E, Maraun D, Hobæk H I, et al. 2017. Multivariate statistical modelling of compound events via pair-copula constructions: analysis of floods in Ravenna (Italy). Hydrology and Earth System Sciences, 21: 2701-2723.
Brzóska M M, Moniuszko-Jakoniuk J. 2001. Interactions between cadmium and zinc in the organism. Food and Chemical Toxicology, 39: 967-980.
Chen J, Adams B J. 2007. Development of analytical models for estimation of urban stormwater runoff. Journal of Hydrology, 336: 458-469.
Coombes P J. 2002. Rainwater tanks revisited: New opportunities for urban water cycle management. Doctoral Dissertation, University of Newcastle.
Cunliffe D. 1998. Guidance on the use of rainwater tanks. Water Series No 3., National Environmental Health Forum Monographs. National Environmental Health Forum.
Dauphin S, Joannis C, Deguin A, et al. 1998. Influent flow control to increase the pollution load treated during rainy periods. Water Science and Technology, 37: 131-139.
De Luís M, Raventós J, González-Hidalgo J C, et al. 2000. Spatial analysis of rainfall trends in the region of Valencia (East Spain). International Journal of Climatology, 20: 1451-1469.
EPA. 2014. Probabilistic risk assessment to inform decision making: Frequently asked questions. EPA/100/R-14/00. U.S. Environmental Protection Agency.
Favre A-C, Adlouni S E, Perreault L, et al. 2004. Multivariate hydrological frequency analysis using copula. Water Resources Research, 40: W01101.
Hargreaves G H, Samani Z. 1985. Reference crop evapotranspiration from temperature. Applied Engineering in Agriculture, 1: 96-99.
Hargreaves G H, Samani Z A. 1982. Estimating potential evapotranspiration. Journal of the Irrigation and Drainage Division, 108: 223-230.
Husak G J, Michaelsen J, Funk C. 2007. Use of the gamma distribution to represent monthly rainfall in Africa for drought monitoring applications. International Journal of Climatology, 27: 935-944.
Jensen M E, Burman R D, Allen R G. 1990. Evapotranspiration and Irrigation Water Requirements. New York: American Society of Civil Engineers.
Lange J, Husary S, Gunkel A, et al. 2012. Potentials and limits of urban rainwater harvesting in the Middle East. Hydrology and Earth System Sciences Discussions, 16: 715-724.
Lawless J F, Fredette M. 2005. Frequentist prediction intervals and predictive distributions. Biometrika, 92: 529-542.
Linsley R K, Kohler M A, Paulus J. 1975. Hydrology for Engineers. New York: McGraw-Hill College.
Liu C, Chen W, Hou Y, et al. 2020. A new risk probability calculation method for urban ecological risk assessment. Environmental Research Letters, 15: 024016.

Liu W, Chen W, Peng C. 2014. Assessing the effectiveness of green infrastructures on urban flooding reduction: A community scale study. Ecological Modelling, 291: 6-14.

Mein R G, Larson C L. 1973. Modeling infiltration during a steady rain. Water Resources Research, 9: 384-394.

Moriasi D. 2007. Model evaluation guidelines for systematic quantification of accuracy in watershed simulations. Transactions of the ASABE, 50: 885-900.

Noilhan J, Planton S A. 1989. A simple parameterization of land surface processes for meteorological models. Monthly Weather Review, 117: 536-549.

Pilgrim D H, Cordery I. 1975. Rainfall temporal patterns for design floods. Journal of the Hydraulics Division, 101: 81-95.

Pitman J I. 1989. Rainfall interception by bracken in open habitats—relations between leaf area, canopy storage and drainage rate. Journal of Hydrology, 105: 317-334.

Refsgaard J C, van der Sluijs J P, Højberg A L, et al. 2007. Uncertainty in the environmental modelling process–A framework and guidance. Environmental Modelling & Software, 22: 1543-1556.

Su F, Xie Z. 2003. A model for assessing effects of climate change on runoff in China. Progress in Natural Science, 13: 701-707.

van Oijen M, Cameron D R, Butterbach-Bahl K, et al. 2011. A Bayesian framework for model calibration, comparison and analysis: Application to four models for the biogeochemistry of a Norway spruce forest. Agricultural and Forest Meteorology, 151: 1609-1621.

Wang J, Endreny T A, Nowak D J. 2008. Mechanistic simulation of tree effects in an urban water balance model. The Journal of the American Water Resources Association, 44: 75-85.

Yaziz M I, Gunting H, Sapari N, et al. 1989. Variations in rainwater quality from roof catchments. Water Research, 23: 761-765.

Zhang D, Gersberg R M, Wilhelm C, et al. 2009. Decentralized water management: rainwater harvesting and greywater reuse in an urban area of Beijing, China. Urban Water Journal, 6: 375-385.

Zhang D, Yan D, Lu F, et al. 2015. Copula-based risk assessment of drought in Yunnan province, China. Natural Hazards, 75: 2199-2220.

Zhang X, Hu M, Chen G, et al. 2012. Urban rainwater utilization and its role in mitigating urban waterlogging problems—a case study in Nanjing, China. Water Resources Management, 26: 3757-3766.

4 城市化的大气环境和热环境效应

4.1 城市化的大气环境效应及影响因素

4.1.1 影响因素选取

4.1.1.1 研究区域

本研究以《国家新型城镇化规划（2014—2020）》提出的未来稳步建设的 19 个城市群为案例区，从市域尺度探讨 $PM_{2.5}$ 浓度时空分布特征，并从人文要素维度解析其主要影响因素。19 个城市群包括 5 个国家级的大城市群（京津冀城市群、长三角城市群、珠三角城市群、长江中游城市群、成渝城市群），8 个区域性中等城市群（辽中南城市群、山东半岛城市群、海峡西岸城市群、哈长城市群、中原城市群、关中城市群、北部湾城市群、天山北坡城市群）和 6 个地区性小城市群（晋中城市群、呼包鄂榆城市群、滇中城市群、黔中城市群、兰西城市群、宁夏沿黄城市群）（Fang et al.，2016）。

4.1.1.2 影响因素及数据来源

$PM_{2.5}$ 污染的时空差异主要取决于地理禀赋条件和人文经济要素等多种因素，本研究借鉴 EKC 假说理论和相关研究成果（刘海猛等，2018），选取 $PM_{2.5}$ 污染的 8 个人文因素，即人均 GDP（PGDP）、人口密度（PD）、城市化水平（UR）、工业化水平（IR）、产业结构高级度（ADIS）、外商直接投资（FDI）、技术扶持水平（TS）、能源消耗（EC），和 5 个自然要素包括风速、日照时数、空气湿度、气温、降水量，以及 2 个政策要素包括政府研发投入、环境治理投资额作为控制变量，但由于篇幅受限，控制变量对 $PM_{2.5}$ 污染的影响不作详细解析。工业化水平用工业产值与 GDP 比重表示，产业结构高级度用三次产业产值比重向量与对应单位向量之间的夹角大小表示，技术扶持水平用科学技术支出占 GDP 比重表示，能源消耗用人均供气量表示，由于煤炭数据较难获取，本研究用人均供气量代替煤炭消耗量（黄小刚等，2019）。

本研究数据包括城市群地市行政边界矢量数据、$PM_{2.5}$ 年均浓度栅格数据和影响因素数据。城市群地级行政边界矢量数据来源于国家基础地理信息中心提供的 1∶400 万中国基础地理信息数据。$PM_{2.5}$ 浓度数据为 2000～2015 年美国国家航空航天局的社会经济数据和应用中心（NASA Socioeconomic Data and Applications Center）的遥感反演栅格数据（Lee et al.，2011）。影响因素指标数据主要来源于2001～2016 年《中国城市统计年鉴》，部分缺失数据通过相应省级和地市年鉴及年报进行补充。

4.1.1.3 指标的统计学意义检验

为了检查指标之间的共线性问题，在进行空间面板计量回归分析之前，本研究运用 SPSS 软件对变量进行相关性分析。相关系数结果（表 4-1）、方差膨胀因子及条件指数表明，本研究中变量之间的共线性问题基本不存在。

表 4-1 指标的共线性检验结果

指标	人均 GDP	人口密度	城市化水平	工业化水平	产业结构高级度	外商直接投资	技术扶持水平	能源消耗
人均 GDP	1							
人口密度	0.017	1						
城市化水平	0.002	0.061**	1					
工业化水平	0.009	0.045**	0.000	1				
产业结构高级度	0.036*	0.166**	0.054**	0.049**	1			
外商直接投资	0.019	0.226**	0.049**	0.036*	0.183**	1		
技术扶持水平	0.161**	0.096**	–0.018	0.006	0.070**	0.109**	1	
能源消耗	0.010	0.014	–0.007	0.002	0.031	0.003	0.019	1

注：**表示在 0.01 水平（双侧）上显著相关；*表示在 0.05 水平（双侧）上显著相关。条件指数（condition index）均值为 43.47；各变量的方差膨胀因子均小于 3，且均值为 2.51

4.1.2 统计模型构建

4.1.2.1 空间自相关方法

$PM_{2.5}$污染在大气的流通特性影响下呈现出更加显著的空间相关性，使得探索其内在规律具有较强的学术研究价值（Fang et al.，2016）。为此，学术界通常采用空间自相关方法研究大气污染的空间集聚和变化规律（Hu et al.，2013）。目前常用的空间自相关模型主要包括全局空间自相关和局部空间自相关。

1）全局空间自相关

在进行空间相关性检验时，通常采用全局 Moran's I 指数，基于该指数的大小判断空间邻近区域单元 $PM_{2.5}$ 浓度的平均相似程度，其计算公式如下：

$$I = \frac{n}{S_0} \times \frac{\sum_{i=1}^{n}\sum_{j=1}^{n} \boldsymbol{w}_{ij} z_i z_j}{\sum_{i=1}^{n} z_i^2} \quad (4.1)$$

式中，I 为全局空间自相关指数；$S_0 = \sum_{i=1}^{n}\sum_{j=1}^{n} \boldsymbol{w}_{ij}$；$z_i = Y_i - \bar{Y}$；$z_j = Y_j - \bar{Y}$；$Y_i$、$Y_j$ 分别为城市 i 和 j 的空气质量观测值，$\bar{Y}$ 则为均值；而 $\boldsymbol{w}_{ij}$ 为空间权重矩阵，通常取相邻单元为 1，其他为 0。$I \in [-1,1]$，且当 $I \in [-1,0)$ 时，表示区域单元之间具有负相关性；当 $I = 0$ 时，表示区域单元之间不具有相关性；当 $I \in (0,1]$ 时，表示区域单元之间具有正相关性。Moran's I 指数越接近 1，说明区域单元属性值之间关系越密切；越接近 0，说明区域单元之间属性值不相关；越接近–1，则说明单元之间属性值差异越大。

2）局部空间自相关

局部空间自相关分析可以用来度量局部空间单元相对于整体研究范围空间自相关的影响程度，即一个区域单元的空气质量与邻近单元的空气质量特征的相关程度，计算公式如下：

$$\text{Local Moran's } I = \frac{n(x_i - \bar{x})\sum_{j=1}^{m} \boldsymbol{W}_{ij}(x_j - \bar{x})}{\sum_{i=1}^{n}(x_i - \bar{x})^2}, \quad (i \neq j) \quad (4.2)$$

式中，x_i、x_j 分别为城市 i 和 j 的空气质量观测值；$\bar{x}$ 为各城市空气质量观测值的平均值；n 为城市个数；$\boldsymbol{W}_{ij}$ 为空间权重，$i = 1,2,\cdots,n$，$j = 1,2,\cdots,m$，m 为与城市 i 地理上相邻接的城市个数。学术界通常采用标准化统计量 Z 来检验 Moran's I 指数是否存在空间自相关关系，其表达式如下：

$$Z_i = \frac{I - E[I]}{\sqrt{V[I]}} \quad (4.3)$$

式中，$E[I] = -1/(N-1)$；$V[I] = E[I^2] - E[I]^2$。

为了增强结论的准确性，本研究采用 0.01 的显著性水平检验。在 0.01 显著性水平下，当 $Z_i < 2.58$ 时，说明 $PM_{2.5}$ 浓度的空间自相关性不显著，即 $PM_{2.5}$ 浓度呈现出独立随机分布规律；当 $Z_i < -2.58$ 时，说明 $PM_{2.5}$ 浓度在空间分布上具有负相关关系，且其属性值呈现分散分布，包括高—低关联和低—高关联；$Z_i > 2.58$，说明 $PM_{2.5}$ 浓度在空间分布上具有正向自相关性，即相近的高值或者低值呈现空间集聚，即热点和冷点分布区。

4.1.2.2 空间计量模型

基于地理学空间差异性的核心思想，空间计量模型纳入空间权重矩阵，考虑了要素的空间相关性，相对于经典计量模型更贴近客观规律。城市 $PM_{2.5}$ 污染现象作为一种区域空间行为，不是独立的测算值，相邻区域均能影响其变化趋势，具有较强的空间溢出性，为此，分析其人文要素驱动力时不能忽略其空间影响效应，应采用空间计量模型进行估计。空间计量模型按照数据结构类型可以分为空间截面计量模型和空间面板计量模型，空间截面计量模型仅采用某年的数据进行估计，忽视了要素的影响，具有时间滞后效应；空间面板计量模型增加了指标数据的数量，满足了渐近性质对大样本的需求，同时充分利用了数据信息，模型准确性更高（席强敏和李国平，2015）。常用的空间面板计量模型包括空间滞后模型（spatial lag model，SLM）、空间误差模型（spatial error model，SEM）和空间杜宾模型（spatial Durbin model，SDM）（Cheng et al.，2014），其中空间杜宾模型公式为

$$\ln \mathrm{PM}_{\mathrm{it}} = \alpha W \ln \mathrm{PM}_{\mathrm{it}} + \phi \ln \mathrm{PM}_{\mathrm{it-1}} + \beta_0 + \beta_{\mathrm{i}} X_{\mathrm{it}} + \theta \mathrm{WZ}_{\mathrm{it}} + a_{\mathrm{i}} + \gamma_{\mathrm{t}} + \mu_{\mathrm{it}} \tag{4.4}$$

式中，$\ln \mathrm{PM}_{\mathrm{it}}$、$\ln \mathrm{PM}_{\mathrm{it-1}}$、$W \ln \mathrm{PM}_{\mathrm{it}}$ 分别为城市地区 $PM_{2.5}$ 浓度的对数值及其时间滞后项和空间滞后项；X_{it} 为解释变量面板数据；$\mathrm{WZ}_{\mathrm{it}}$ 为解释变量的空间滞后项；a_{i}、γ_{t}、μ_{it} 分别为个体效应、时间效应和误差项；ϕ、α 分别为被解释变量时间和空间滞后项系数；β_0 和 β_{i} 是 $K \times 1$ 阶待估参数向量；θ 为解释变量空间滞后项系数。

当模型的误差项具有空间相关性时，采用空间误差模型；当被解释变量的空间依赖性对模型具有较为关键的作用，并存在显著的空间相关性时，采用空间滞后模型。空间杜宾模型则是空间误差和空间滞后模型的一般形式，SLM 包含了被解释变量的内生交互效应，SEM 包含了误差项的交互效应，SDM 同时包含了内生交互效应（WY）和外生交互效应（WX）（Elhorst，2010），考虑到 $PM_{2.5}$ 污染及其影响因素均具有较强的空间相关性，本研究选用空间杜宾模型进行估计。在权重矩阵构建方面，本研究选用邻接空间权重矩阵，即相邻的空间单元之间具有显著的相互影响，不相邻的空间单元基本不存在相互影响。空间杜宾模型使用的代码来自于 Elhorst 的空间计量经济 Matlab 工具箱。

4.1.3 城市群地区 $PM_{2.5}$ 时空演变格局和影响因素

4.1.3.1 中国城市群地区 $PM_{2.5}$ 时空演变格局

1）时序规律分析

2000～2015 年，中国城市群地区 $PM_{2.5}$ 浓度整体呈现波动增长趋势，平均浓

度从 21.50μg/m^3 增长至 33.23μg/m^3，增长率 54.56%，空气质量堪忧（图 4-1）。按城市群级别来看，国家级城市群（珠三角城市群除外）污染浓度>区域性城市群（山东半岛城市群和中原城市群除外）>地方性城市群。2000～2007 年，城市群 $PM_{2.5}$ 浓度均值呈上升趋势，2007～2015 年波动变化。2007 年也是京津冀、长江中游等 9 个城市群 $PM_{2.5}$ 浓度的拐点，这与徐超等（2018）的研究结果一致。

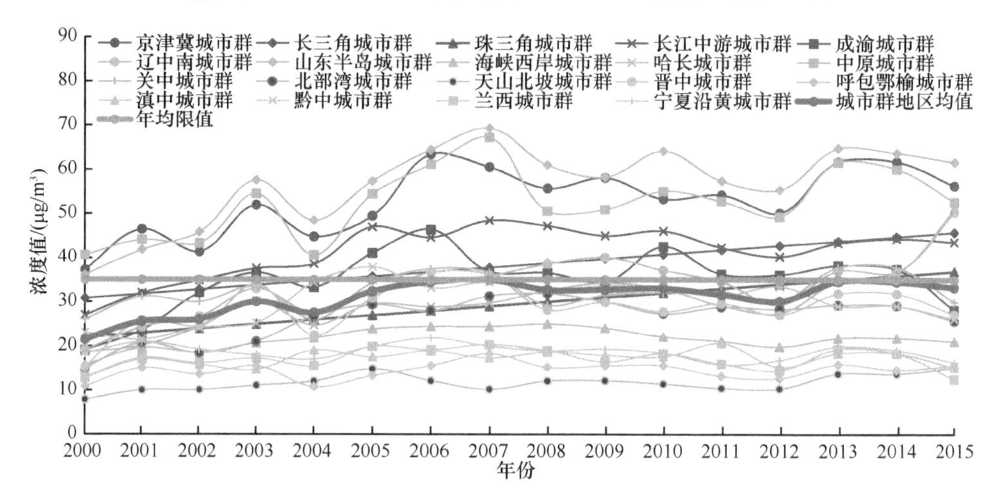

图 4-1　2000～2015 年中国城市群地区 $PM_{2.5}$ 浓度时序规律分析

2000～2015 年，哈长、辽中南城市群 $PM_{2.5}$ 浓度增长率较高，京津冀、山东半岛和中原城市群 $PM_{2.5}$ 污染最为严重。从该时段增长趋势来看，仅有兰西和宁夏沿黄城市群空气质量有所提升，哈长和辽中南城市群 $PM_{2.5}$ 浓度上升超过 150%，天山北坡、晋中、北部湾、山东半岛、珠三角、长江中游和京津冀城市群 $PM_{2.5}$ 浓度上升率在 50%～100%，其余城市群上升率低于 50%。从浓度值高低来看，相比于《环境空气质量标准》（GB3095—2012）中 $PM_{2.5}$ 浓度年均限值（35.00μg/m^3），京津冀、山东半岛和中原城市群 2000～2015 年 $PM_{2.5}$ 浓度均值都高于年均限值，长三角、珠三角、长江中游、成渝、辽中南、哈长、关中和晋中城市群部分年份均值高于年均限值，其余城市群所有年份均值都低于年均限值。

参考世界卫生组织和中国《环境空气质量标准》（GB3095—2012）中 $PM_{2.5}$ 浓度标准值（表 4-2），将中国城市群 $PM_{2.5}$ 浓度值划分为 7 个区间范围，分析 2000～2015 年各区间城市数量占比（图 4-2）。结果显示：①$PM_{2.5}$ 年均浓度低于 10μg/m^3（准则值）的城市数量比例由 2000 年的 6.19%降至 2015 年的 1.77%，低于 15μg/m^3（过渡期目标 3 的年均限值）的城市数量比例由 20.35%降至 7.52%；②$PM_{2.5}$ 年均浓度高于 35μg/m^3（我国年均限值）的城市数量比例由 16.81%增至 47.79%，增加近 2 倍，高于 50μg/m^3（过渡期目标 2 的日均限值）的城市数量比例由 4.42%增至 32.74%，增幅超过 6 倍；③$PM_{2.5}$ 年均浓度高于我国年均限值的城市数量占比超过

50%的年份主要集中在 2005～2010 年，其次为 2013～2014 年。表明低于 15μg/m^3 和 10μg/m^3 的低和极低污染城市数量整体呈现下降趋势，高于 35μg/m^3 和 50μg/m^3 的污染和高污染城市数量具有快速上升的趋势。

表 4-2　世界卫生组织和中国政府所制定的 $PM_{2.5}$ 浓度标准值

类别	世界卫生组织（WHO）2005 年发布的《空气质量准则》		类别	中国 2016 年实施的《环境空气质量标准》	
	年均值/（μg/m^3）	日均值/（μg/m^3）		年均值/（μg/m^3）	日均值/（μg/m^3）
准则值	10	25	准则值	35	75
过渡期目标 1	35	75	—	—	—
过渡期目标 2	25	50	—	—	—
过渡期目标 3	15	37.5	—	—	—

注：“—”表示没有此项类别

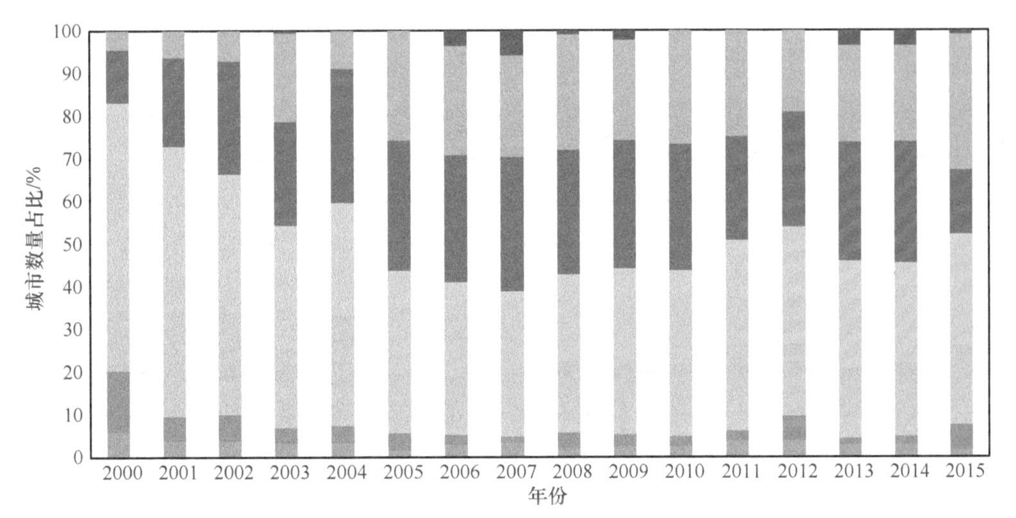

图 4-2　2000～2015 年中国城市群分区间 $PM_{2.5}$ 浓度变化趋势

2）空间格局分析

以《环境空气质量标准》（GB3095—2012）年均限值 35μg/m^3 为分界点，将城市群分为污染浓度高值区和低值区。2000～2015 年，中国城市群 $PM_{2.5}$ 浓度的地区差异较大，整体上以胡焕庸线为界线，呈现由东南沿海向西北内陆递减的空间格局，区域差异不断扩大[王振波等（2019）中图 5]。具体来看，相比国家级和区域性城市群，地区性城市群 $PM_{2.5}$ 浓度较低，低值区主要为天山北坡、呼包鄂榆、宁夏沿黄、兰西、滇中和海峡西岸城市群；高值区主要为哈长、辽中南、山东半岛、中原等及长三角北部、京津冀东南部、长江中游城市群北部。为科学辨析 $PM_{2.5}$ 浓度值的空间差异，本研究选取具有相同时间间隔年份的 $PM_{2.5}$ 浓度值进行分析，空间差异主要表现如下。

第一，$PM_{2.5}$浓度以胡焕庸线为界，呈现明显的两极分化，其中东南地区主要为 $PM_{2.5}$ 浓度高值区，西北地区为低值区，空间格局与人口经济空间格局大体一致，表明人类社会经济活动对 $PM_{2.5}$ 浓度具有显著影响。第二，2000 年 $PM_{2.5}$浓度呈现由东部沿海向西部内陆地区递减的态势，高值区空间集聚特征显著，黄河及长江下游沿线城市群为高值区。京津冀、山东半岛、中原、长江中游、长三角城市群少部分城市为 $PM_{2.5}$高污染聚集区，仅占所有城市群城市数量的 16.8%。随着时间推移，高值区范围不断扩散，污染程度不断加剧。2015 年高值区城市占比达 47.3%，集中分布在山东半岛、中原、长三角、长江中游城市群及京津冀东南部。第三，东部、东北部城市群 $PM_{2.5}$浓度增长速度较快。2000～2015 年，仅有兰西、宁夏沿黄城市群 $PM_{2.5}$ 浓度有所减少，其余城市群都有所增加，其中哈长城市群和辽中南城市群增幅最大。另外，天山北坡城市群 $PM_{2.5}$ 浓度虽未超过 $35\mu g/m^3$，空气质量较好，但污染浓度增加了近 1 倍，该区域生态环境较脆弱，亟须引起重视及关注。第四，2000～2015 年，京津冀、山东半岛和中原城市群 $PM_{2.5}$浓度始终位居前三，表现为典型的“高浓度、高集聚、高增加”特征，污染问题十分严峻。其中 2002 年之后，山东半岛城市群 $PM_{2.5}$浓度均位居全国首位。

4.1.3.2　中国城市群地区 $PM_{2.5}$空间聚集性特征分析

1）空间自相关指数分析

运用 ArcGIS 软件对中国 18 个城市群 2000～2015 年 $PM_{2.5}$浓度的年均值进行空间自相关性检验（表 4-3）。结果显示，全部城市群自相关检验时，Moran's I 指数均为正值，且均高于 0.700，通过了 0.01 水平的显著性检验，表明 2000～2015 年中国城市群 $PM_{2.5}$ 浓度具有相似的空间聚集性特征，可进行“热冷点”统计学分析。单个城市群自相关检验时，Moran's I 指数有正有负，部分城市群指数值较低，少数城市群 $PM_{2.5}$浓度水平相对分散，Moran's I 指数长期为负值，但是 2008 年以后由负转正，空间集聚趋势逐渐增强，而且基本都通过了 0.1 水平的显著性检验，可以采用空间计量模型探究上述城市群地区 $PM_{2.5}$污染的主控要素。

2）聚集性规律分析

整体来看，胡焕庸线为中国城市群 $PM_{2.5}$浓度热点（hot spot）和冷点（cold spot）的分界线，热点区域集中在胡焕庸线以东地区，冷点区域集中在胡焕庸线以西地区[王振波等（2019）中图 6]。2000 年以来，热点区域城市数量占比持续上升，冷点区域持续下降，其中热点区域主要分布于京津冀、山东半岛、中原、长江中游和长三角等中东部城市群，尤其是北方地区，快速工业化和冬季燃煤恶化了空气质量；冷点区域主要分布在天山北坡、兰西、呼包鄂榆、宁夏沿黄、滇中、海

表 4-3 2000～2015 年中国城市群地区 $PM_{2.5}$ 年均浓度空间自相关指数

城市群	2000 年	2001 年	2002 年	2003 年	2004 年	2005 年	2006 年	2007 年	2008 年	2009 年	2010 年	2011 年	2012 年	2013 年	2014 年	2015 年
所有城市群	0.82***	0.79***	0.77***	0.84***	0.74***	0.75***	0.80***	0.82***	0.76***	0.76***	0.78***	0.79***	0.79***	0.83***	0.81***	0.80***
京津冀	0.33**	0.41**	0.41**	0.39**	0.36**	0.37**	0.36**	0.36**	0.33**	0.33**	0.33**	0.33**	0.34**	0.35**	0.35**	0.34**
长三角	0.68***	0.66***	0.68***	0.67***	0.68***	0.65***	0.66***	0.64***	0.69***	0.66***	0.66***	0.68***	0.67***	0.67***	0.67***	0.68***
珠三角	0.13*	0.16*	–0.10	0.20*	0.18*	–0.16*	0.11	–0.14*	0.13*	0.15*	0.17*	0.12*	0.14*	0.17*	0.25*	0.23*
长江中游	0.84***	0.77***	0.55***	0.73***	0.19***	0.49***	0.57***	0.40***	0.38***	0.43***	0.59***	0.68***	0.41***	0.66***	0.64***	0.61***
成渝	0.38**	0.54***	0.32**	0.30*	0.31**	0.27*	0.19	0.23	0.15	0.12	0.19	0.20	0.20	0.19	0.12	0.19
辽中南	0.11*	0.11*	0.12*	0.28***	0.15*	0.15*	0.14*	0.21**	0.15*	0.21**	0.10	0.15*	0.20**	0.18**	0.12*	0.13*
山东半岛	0.44***	0.49***	0.46***	0.51***	0.48***	0.54***	0.53***	0.50***	0.49***	0.51***	0.58***	0.53***	0.53***	0.52***	0.53***	0.47***
海峡西岸	0.25*	–0.16*	–0.29	0.10*	–0.14	0.11*	0.24	0.12*	0.10	0.24*	0.11*	0.10*	0.17	0.11*	0.13*	0.21
哈长	0.55**	0.67***	0.57***	0.62***	0.74***	0.74***	0.71***	0.75***	0.81***	0.72***	0.68***	0.77***	0.75***	0.61***	0.61***	0.52***
中原	0.55***	0.52***	0.28*	0.41**	0.42**	0.38**	0.41**	0.47**	0.47**	0.49***	0.48***	0.42**	0.41**	0.45***	0.53***	0.49***
关中	–0.41*	–0.31*	–0.09*	–0.13	–0.23*	0.09*	0.11*	0.19**	0.12*	0.10	0.09*	0.08	0.10*	0.11	0.10*	0.11*
北部湾	0.79***	0.76***	0.85***	0.92***	0.93***	0.93***	0.93***	0.87***	0.97***	0.95***	0.96***	0.96***	0.97***	0.92***	0.93***	0.90***
晋中	0.23*	–0.10*	–0.44	–0.59*	–0.52*	–0.10	–0.34*	–0.25*	0.20	0.12*	0.31*	0.11*	0.13*	0.10*	0.12	0.15*
呼包鄂榆	–0.18*	0.15	–0.43	–0.77*	–0.78*	–0.56*	–0.47*	–0.36	0.58*	0.79*	0.67*	0.50*	0.91*	0.87*	0.88*	0.93*
滇中	0.42*	0.46*	0.57*	0.85*	0.87*	0.65*	0.13*	0.80*	0.61*	0.73*	0.81*	0.45*	0.82*	0.78*	0.67*	0.73*
黔中	–0.45*	0.10	–0.42*	–0.17*	–0.16*	–0.16*	–0.17*	–0.10	0.11	0.25*	0.26*	0.24	0.23*	0.38*	0.19*	0.29*
兰西	0.81**	0.81**	0.83**	0.79**	0.76**	0.90**	0.87**	0.84**	0.77**	0.67*	0.59*	0.74**	0.66*	0.68*	0.75**	0.76**
宁夏沿黄	0.33*	0.19*	0.13	0.18*	0.23*	0.23*	0.15*	0.25*	0.30*	0.22	0.28*	0.21*	0.25*	0.12	0.21*	0.32*

*代表 0.1 水平下显著，**代表 0.05 水平下显著，***代表 0.01 水平下显著

峡西岸，西部、西南和东南沿海城市群空气质量较好。值得注意的是，辽中南和哈长城市群西南部在 2010 年之前无特征点分布，2015 年成为热点区，表明东北地区供暖期空气污染正在加重；珠三角和黔中城市群在 2000 年、2005 年和 2010 年是无特征点分布区，而在 2015 年是冷点分布区，空气质量改善较为明显，表明该地区大气污染防治行动取得了显著成果。宁夏沿黄城市群和兰西城市群东部地区在 2005 年、2010 年和 2015 年是冷点分布区，而在 2000 年是无特征点分布区，其空气质量相比于其他城市群较为良好。

4.1.3.3 中国城市群地区 $PM_{2.5}$ 影响因素解析

1）要素估计值对比分析

$W\ln PM_{it}$ 表示空间滞后项，兰西城市群 $W\ln PM_{it}$ 不显著，中原和北部湾城市群在 0.1 水平下显著，其余城市群都在 0.01 水平下显著，表明城市群 $PM_{2.5}$ 污染具有较强的空间内生性交互效应，即城市群内部城市间空气污染交互影响显著。其中，京津冀、珠三角、长江中游、成渝、辽中南、山东半岛、海峡西岸、哈长、关中、晋中、呼包鄂榆、滇中、黔中、兰西（不显著）14 个城市群估计值超过 0.600，邻近城市 $PM_{2.5}$ 浓度升高 1%，中心城市 $PM_{2.5}$ 浓度则上升 0.6%以上，山东半岛、成渝和辽中南城市群位居估计值前三。

人均 GDP 对北部湾城市群 $PM_{2.5}$ 污染具有显著负向影响和空间溢出效应，对长三角、长江中游、成渝、辽中南、山东半岛、海峡西岸、哈长等城市群 $PM_{2.5}$ 污染具有显著正向影响和空间溢出效应，对京津冀、珠三角、中原、关中及 6 个地区性城市群 $PM_{2.5}$ 污染的影响和空间溢出效应都不显著。主要原因是各城市群的社会经济和工业化发展阶段不同，主导产业类型与生产效率差别较大。

人口密度对京津冀、珠三角、长江中游、成渝、晋中、呼包鄂榆及 8 个区域性城市群 $PM_{2.5}$ 污染具有显著正向影响；对京津冀、成渝、辽中南、山东半岛、海峡西岸、哈长、中原、关中、北部湾、晋中等城市群 $PM_{2.5}$ 污染具有显著负向空间溢出效应。人口密度对本地区 $PM_{2.5}$ 污染主要具有显著正向影响，对邻近地区则反之，表明城市群核心城市人类活动强度加大，污染排放加大，但大城市阴影区则相反。

城市化水平对京津冀、长三角、珠三角 $PM_{2.5}$ 污染具有显著负向影响；对辽中南、山东半岛、哈长、关中、呼包鄂榆、滇中、宁夏沿黄城市群 $PM_{2.5}$ 污染具有显著正向影响；对长三角和成渝城市群具有显著负向空间溢出效应，对辽中南、山东半岛、哈长、关中、呼包鄂榆、滇中和黔中城市群具有显著正向空间溢出效应。表明在城市化率较高的国家级城市群，城市化水平对城市群 $PM_{2.5}$ 污染具有负向影响；在区域性和地方性城市群则相反。

工业化对长三角、珠三角、山东半岛、中原、呼包鄂榆、滇中等城市群 $PM_{2.5}$ 污染具有显著正向影响；对京津冀、珠三角、辽中南、中原、关中、呼包鄂榆等城市群具有显著正向空间溢出效应。工业化对城市群 $PM_{2.5}$ 污染具有显著正向影响，表明工业“三废”及烟粉尘等污染物加重了 $PM_{2.5}$ 污染。

产业结构高级度对京津冀、珠三角、辽中南、山东半岛、海峡西岸、哈长、呼包鄂榆和黔中城市群 $PM_{2.5}$ 污染具有负向影响，对珠三角、海峡西岸、哈长、关中、滇中和黔中城市群 $PM_{2.5}$ 污染具有显著正向空间溢出效应。产业结构优化升级有效降低了本地区 $PM_{2.5}$ 污染，但因污染型企业转移到邻近地区，导致邻近地区 $PM_{2.5}$ 污染加重。

外商直接投资对京津冀、长三角、珠三角、长江中游、海峡西岸、北部湾等沿海城市群和哈长、滇中等沿边城市群 $PM_{2.5}$ 污染具有负向影响，对长三角、珠三角、哈长、晋中、呼包鄂榆和黔中城市群 $PM_{2.5}$ 污染具有显著负向空间溢出效应。外商直接投资对环境污染的影响包括“污染避难所”假说和“污染光环”假说（Walter and Ugelow，1979）。本研究得出外商直接投资对环境污染具有负向影响，说明“污染避难所”假说在中国城市群尺度并不成立，与许和连和邓玉萍（2012）、姜磊等（2018）的研究结论一致。

技术扶持水平对珠三角、长三角、晋中和滇中城市群 $PM_{2.5}$ 污染具有负向影响；对海峡西岸和黔中城市群具有正向影响；对关中和呼包鄂榆城市群具有显著正向溢出效应；对京津冀、山东半岛、中原和晋中城市群具有显著负向溢出效应。技术创新有助于 $PM_{2.5}$ 治理和防控，改善空气质量；科技成果的市场化能促进新技术跨越式发展，技术不成熟导致工业企业粗放式快速发展，引发能源消耗的回弹效应，加重 $PM_{2.5}$ 污染，这与程中华等（2019）的研究结论相符；技术创新的滞后性决定科技成果的作用短时间较难显现，对 $PM_{2.5}$ 污染的影响不显著。

能源消耗对长三角、珠三角、辽中南、山东半岛、哈长、中原、关中、晋中、滇中和黔中城市群 $PM_{2.5}$ 污染具有正向影响，对京津冀、长三角、珠三角、辽中南、山东半岛、哈长、中原、关中、晋中、呼包鄂榆、黔中和兰西城市群具有显著正向溢出效应。能源消耗加重了地区 $PM_{2.5}$ 污染，加之城市之间大气流动，也加重了邻近地区 $PM_{2.5}$ 污染。

2）城市群主控要素分析

整体来看，国家级城市群降低 $PM_{2.5}$ 污染的主控要素为技术扶持水平，加剧 $PM_{2.5}$ 污染的主控要素为工业化水平；区域性城市群降低污染的主控要素以技术扶持水平、产业结构高级度和人口密度为主，加剧污染的主控要素以邻近地区 $PM_{2.5}$ 污染为主；地方性城市群降低污染的主控要素为技术扶持水平，加剧 $PM_{2.5}$ 污染的主控要素为邻近地区 $PM_{2.5}$ 污染。因此，加强研发投入、深化产业结构调整、实施新型绿色工业化、优化人口空间布局及实现跨区域联动治理，对解决城市群空气污染问题尤为重要（表 4-4）。

表 4-4　2000～2015 年中国城市群 $PM_{2.5}$ 污染影响因素结果

城市群变量	京津冀	长三角	珠三角	长江中游	成渝	辽中南	山东半岛	海峡西岸	哈长	中原	关中	北部湾	晋中	呼包鄂榆	滇中	黔中	兰西	宁夏沿黄
Intercept	−2.128***	3.366***	−0.031	−0.073	−0.295	0.852***	0.697***	0.599***	−1.010***	−0.694	0.225	3.413***	0.578	2.067	1.797*	−1.699*	0.583	0.655
lnPGDP	0.022	0.056**	−0.006	0.108***	0.066*	0.083***	0.074***	0.064***	0.116***	−0.093	0.009	−0.048***	0.046	−0.018	0.032	0.114	−0.002	−0.094
lnPD	0.495***	−0.020	0.099***	0.137***	0.317***	0.269***	0.096***	0.103***	0.597***	0.454***	0.306***	0.231**	0.166**	0.091**	−0.058	−0.118	−0.041	0.123
UR	−0.218**	−0.002**	−0.075***	0.024	−0.104	0.304***	0.115***	0.001	0.265***	−0.024	0.206***	0.143	−0.006	0.858***	0.231***	−0.091	0.232	0.693**
IR	−0.818	0.605**	0.742***	−0.164	−0.237	−0.077	0.410**	−0.001	0.083	0.139*	0.351	0.063	−0.059	9.764***	0.108**	0.331	−0.105	1.577
ADIS	−1.300**	0.114	−0.605***	−0.371	−0.170	−0.583***	−0.527***	−0.205*	−0.742**	−0.042	0.040	0.042	−0.247	−8.500***	0.233**	−1.242***	0.095	1.796
FDI	−0.232***	−0.013**	−0.002**	−0.263***	0.043	−0.011	−0.034	−0.382***	−0.542***	0.741	0.044	−0.104**	0.722	0.171	−1.694*	1.464	−0.422	0.325
TS	4.844	−6.201	−4.615**	−7.039**	−3.623	−0.973	0.704	3.952*	−1.468	−5.727	−6.114	13.827	−18.973**	0.389	−4.938*	5.407**	−0.611	−20.180
lnEC	−0.003	0.013*	0.009**	0.001	−0.001	0.032***	0.016***	0.004	0.046***	0.047***	0.026***	−0.030	0.021*	0.015	0.065**	0.052***	−0.008	0.005
W×ln$PM_{2.5}$	0.676***	0.236***	0.786***	0.652***	0.903***	0.872***	0.948***	0.788***	0.734***	0.236*	0.662***	0.236*	0.787***	0.690***	0.770***	0.721***	0.817	0.487***
W×lnPGDP	0.066	0.037***	0.070	0.002***	0.034**	0.060**	0.133***	0.056***	0.178***	0.222	−0.042	−0.230***	0.083	0.185	−0.019	−0.225	0.188	0.214
W×lnPD	−0.203***	−0.041	0.121	0.088	−0.247***	−0.303***	−0.066*	−0.106***	−0.329***	−0.254**	−0.280***	−0.330**	−0.353**	−0.026	−0.298	−0.797***	−0.168	−0.183
W×UR	0.147	−0.013***	−0.003	−0.210	−0.611*	0.385***	0.229***	0.007	2.088***	0.049	0.208**	−0.197	−0.005	0.780**	0.346**	1.067*	−0.507	−0.550
W×IR	2.615*	−0.612	2.187***	1.152***	−0.377	0.660***	0.169	0.001	0.003	0.282***	1.206***	0.383	0.071	6.792**	0.182	−0.253	0.100	−0.744
W×ADIS	2.024	−0.566	2.296***	−0.605	−0.077	−0.004	0.071	0.216*	0.455**	−0.058	0.910**	−0.885	0.161	5.740	0.266*	1.842***	−0.466	−1.28
W×FDI	0.204	−0.367***	−0.034***	−0.169	0.234	0.174	0.008	−0.058	−0.644***	1.215	0.060	0.621	−1.640**	−1.735*	2.639	−2.607*	0.991	0.610
W×TS	−8.491*	5.481	2.973	7.609	3.475	0.298	−2.713***	−3.932	−0.688	−15.23**	10.358*	−2.935	−21.698*	20.184	0.717***	−3.575	−0.402	3.257
W×lnEC	0.101***	0.099***	0.020**	−0.016	0.024	0.058***	0.034***	−0.010	0.140***	0.066**	0.025**	−0.141	0.043*	0.152***	−0.023	0.168***	0.120***	−0.035
R^2	0.942	0.816	0.952	0.768	0.940	0.947	0.972	0.871	0.945	0.705	0.888	0.685	0.891	0.952	0.960	0.946	0.953	0.796
对数似然值	114.39	135.64	198.26	115.54	201.96	195.92	324.19	167.49	121.30	194.61	159.78	168.39	101.84	50.59	69.35	76.22	74.34	48.64

注：*代表 0.1 水平下显著，**代表 0.05 水平下显著，***代表 0.01 水平下显著。天山北坡城市群数据缺失较大，故不进行分析。Intercept 为模型截距；W 为权重；PGDP. 人均 GDP；PD. 人口密度；UR. 城市化水平；IR. 工业化水平；ADIS. 产业结构高级度；FDI. 外商直接投资；TS. 技术扶持水平；EC. 能源消耗

分城市群来看，技术扶持水平对京津冀、珠三角、长江中游、山东半岛、中原、晋中和滇中城市群降低 $PM_{2.5}$ 浓度影响显著，表明各级政府的技术创新扶持政策对降低空气污染起到了关键作用。产业结构高级度对辽中南和哈长城市群降低 $PM_{2.5}$ 浓度影响显著，表明东北地区应加快推进产业结构的高级化、合理化发展，优化和淘汰污染型产业。外商投资对长三角、海峡西岸、呼包鄂榆和黔中城市群降低 $PM_{2.5}$ 浓度影响显著，应该着重完善外商投资环境、布局和保障激励措施。

邻近地区 $PM_{2.5}$ 浓度是成渝、辽中南、山东半岛、晋中和滇中城市群 $PM_{2.5}$ 浓度提升的主控因素，亟须跨区域联防联控联动。工业化是京津冀、长三角和长江中游城市群 $PM_{2.5}$ 浓度提升的主控因素，以上城市群工业化程度较高，亟须产业转型升级和控制污染排放。技术扶持水平是海峡西岸和关中城市群 $PM_{2.5}$ 浓度提升的主控因素，表明该城市群存在技术利用成熟度低且快速市场化的问题。城市化是哈长和宁夏沿黄城市群 $PM_{2.5}$ 浓度提升的主控因素，控制城市化速度、提升效率迫在眉睫。人口密度、邻近地区产业高级度、能源消耗分别是中原、珠三角和兰西城市群的主控要素，应采取相应措施调控。

4.2 城市化的热环境效应

4.2.1 城市热岛效应模拟

4.2.1.1 模式描述和试验设计

本节使用 WRF-ARW（版本：3.6.1）耦合单层城市冠层模型（Chen and Dudhia，2001；Kusaka et al.，2001）来模拟北京市区域气候的特征。本研究构建了 3 层嵌套网格，空间分辨率分别为 1km、3km 和 9km，从而能够分别覆盖北京城区、京津冀地区和中国北部，并且有效地囊括当地主要地形和温带地区大陆性季风气候特征[Gao 等（2019）中图 1]。我们设计了 3 种模拟试验，其跨越时间包括 2 个单独年份（2000 年和 2010 年）最热的 3 个月（6～8 月）。现有气象观测数据（Cui et al.，2017）表明这两年是当地过去 60 年来夏季最热的年份之一。所有的试验模拟时期从当地时间 5 月 21 日 0 点开始，在 9 月 1 日 0 点结束，从而覆盖夏季和所有的热浪事件。最初的 10 天（5 月 21 日到 5 月 30 日）用于 WRF 模式适应调整，以消除初始边界的影响。余下的时间则用于结果分析，但其中发生过强降雨事件（日降水大于 10mm）的日子除外，因为降雨能够对热岛效应产生不确定影响（Yang et al.，2017）。WRF 模式的输出时间间隔为 1h，网格垂直尺度为 50，从地表到 50hPa 气压高度。我们的模拟研究使用了 0.75°×0.75°空间分辨率和 6h 时间间隔的 ERA-interim 再分析数据集（Dee et al.，2011），作为 WRF 模式的初始边界条件。Yang 等（2016）研究表明该数据集在北京地区具有较小的温度模拟误差。ERA-interim 的海水表面温度也每 6h 在模拟过程中参与更新。

本研究共设计了 3 个试验（分别命名为“Urban_2000”、“Urban_2010”和“NoUrban”，图 4-3），以探索城市热岛效应对城市扩张和热浪的响应情况。使用 NLCD-China（national land cover/use dataset of China）数据集的 2000 年和 2010 年的 30m 空间分辨率土地利用数据，采用最大比例法重新整合为 1km 分辨率尺度（和 WRF 最内部尺度一样），土地分类类型转换为 USGS（US geological survey）24 类的分类系统和 3 类城市地表覆盖类型。“Urban_2000”试验使用 2000 年土地覆盖情景，而“Urban_2010”则使用 2010 年土地覆盖情景。在“NoUrban”试验中，所有的城市覆盖类型全部替换为周边主要的土地覆盖类型（本研究中为农田）。3 个试验都分别使用了 2000 年和 2010 年气象驱动场，从而排除年间差异的影响。因此，“NoUrban”和“Urban_2000”、“Urban_2010”之间的差异能够反映 2000 年和 2010 年城市情景下的热岛效应。本节中，热岛效应强度使用了 2 种常用方法来刻量，分别为 2m 气温差异（ΔT_a）和地表温度差异（ΔT_s）。

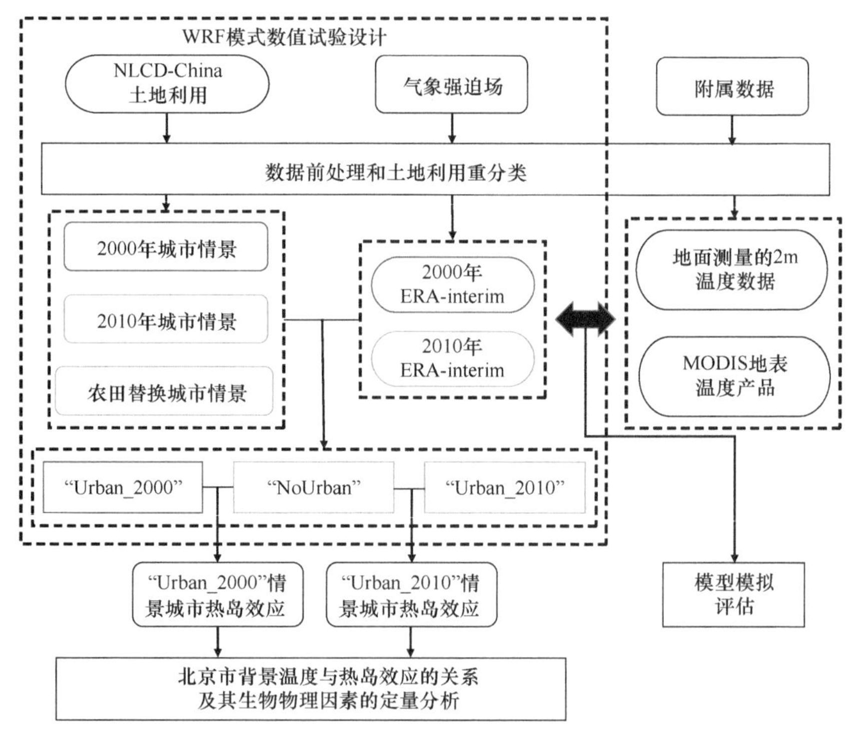

图 4-3　研究路线图

为了评估模式模拟效果，分别使用 2000 年和 2010 年对应的气象驱动场和土地覆盖的试验与气象站点观测数据、卫星遥感数据进行比较。图和表可在 http://stacks.iop.org/ERL/14/094005/mmedia 查看，可见 WRF 模式产生的气温能够很好地符合观测数据，而地表温度空间分布也与 MODIS 观测结果一致，可见，地表温度的空间分布呈现城区高温和山区低温分布的特征。针对结果的验证说明 WRF 模式能够很好地模拟北京的气候特征。

4.2.1.2 热岛效应的识别分析

我们应用 Meehl 和 Tebaldi（2004）对热浪的定义来识别 2000 年和 2010 年夏季的热浪事件。连续 3 日最高气温超过第 97.5 分位数的日最高气温（T_{max}）且平均气温高于第 81 分位数的 T_{max} 即为热浪事件。我们选择北京市气象站点（编号：54511；坐标：40.07°N、116.59°E）的 50 年气温记录（1960 年 1 月 1 日到 2010 年 12 月 31 日）来获得 T_{max}。本研究中，T_{max} 的第 97.5 和第 81 分位数分别为 34.7℃和 29.6℃，2000 年一共发生 4 次热浪（共 30 天，分别为 6 月 12～21 日、6 月 30 日至 7 月 2 日、7 月 11～14 日、7 月 20 日至 8 月 1 日），而 2010 年则发生 3 次热浪（共 20 天，分别为 7 月 2～6 日、7 月 20～31 日、8 月 14～16 日）。这里，热浪时期标记为“HW”，而其余时期则标记为“ND”。

根据以上定义，我们计算和调查了 HW 和 ND 时期ΔT_a和ΔT_s的平均强度和空间分布。为了研究热岛效应与温度间（T-UHI）的关系，通过对背景温度和热岛效应建立线性回归，并定义其斜率为热岛效应对背景气温的敏感性（S）。S 能够反映热岛效应对背景气温上升而产生的变化。应用普通最小回归法（OLS）计算白天和夜晚城市地区ΔT_a和ΔT_s对气温 T 的敏感性（分别标记为 T-ΔT_a和 T-ΔT_s），其中皮尔逊相关系数用来度量相关关系，T 检验则用来在 0.05 水平上进行显著性检验。为了评估 T-UHI 的线性回归模型能够解释 HW 和 ND 时期热岛效应的差异，我们计算了 r 指数：

$$r=\left(\Delta T_{\mathrm{HW,LRM}}-\Delta T_{\mathrm{ND,LRM}}\right)/\left(\Delta\bar{T}_{\mathrm{HW,WRF}}-\Delta\bar{T}_{\mathrm{ND,WRF}}\right) \tag{4.5}$$

式中，ΔT 为热岛效应强度（ΔT_a 或ΔT_s）；$\Delta\bar{T}$ 为平均热岛效应强度；HW 和 ND 分别代表热浪和非热浪时期；LRM 为线性回归模型的预测值；WRF 为来自 WRF 模拟结果的平均值。

另外，我们使用一个简单的地表能量平衡分析方法（Duveiller et al.，2018）和 OLS 法来计算 5 种因子对结果的贡献，并解释 S 在城市扩张影响下产生变化的原因。这里，我们只分析了ΔT_s而没有分析ΔT_a，因为前者与地表能量平衡紧密联系。T-ΔT_s的敏感性 S 可以通过以下方程估计：

$$\Delta T_s=\lambda_0\left(\Delta\mathrm{SW}_{\mathrm{net}}+\Delta\mathrm{LW}_{\mathrm{down}}-\Delta H-\Delta\mathrm{LE}-\Delta G\right) \tag{4.6}$$

式中，T_s为地表温度；$\lambda_0=1/4\varepsilon\sigma T_s^3$，反映背景气候特征，$\varepsilon$为地表发射率，$\sigma$为 Stefan-Boltzmann 常数；$\mathrm{SW_{net}}$ 为净短波辐射；$\mathrm{LW_{down}}$ 为长波辐射；H 为感热通量；LE 为潜热通量；G 为地表热通量；Δ 为城市和农村区域的差异。

4.2.2 城市扩张对热岛效应的影响及归因

4.2.2.1 城市扩张对热岛效应时空变化的影响

强烈的城市扩张造成了北京市 2010 年更强的热岛效应[Gao 等（2019）中图 1 和图 3]。并且夜间的ΔT_a 明显高于日间值，这一现象尤其在强烈城市化地区更为显著，但ΔT_s 则与之相反。ΔT_a 和ΔT_s 的空间分布格局与人工地表十分相似。城市北部下风向地区（如昌平和顺义）相比上风向地区（如大兴和通州）存在更为显著的变暖现象，因为夏季东南季风能够将城市热空气输往城市北部地区。

图 4-4 表示北京 10 个区在 HW 和 ND 时期的平均ΔT_a。与上述结果一致的是，HW 时期相比 ND 具有更强的热岛效应。热岛效应最强的区域出现在北京中心城区，这里是北京市人口最为稠密的地区。其夜间ΔT_a 在 2000 年从 1.19℃（ND）增加到 1.82℃（HW），而在 2010 年则从 1.56℃（ND）增加到 2.25℃（HW）；而日间ΔT_a 在 2000 年从 0.61℃（ND）增加到 0.68℃（HW），而在 2010 年则从 0.84℃

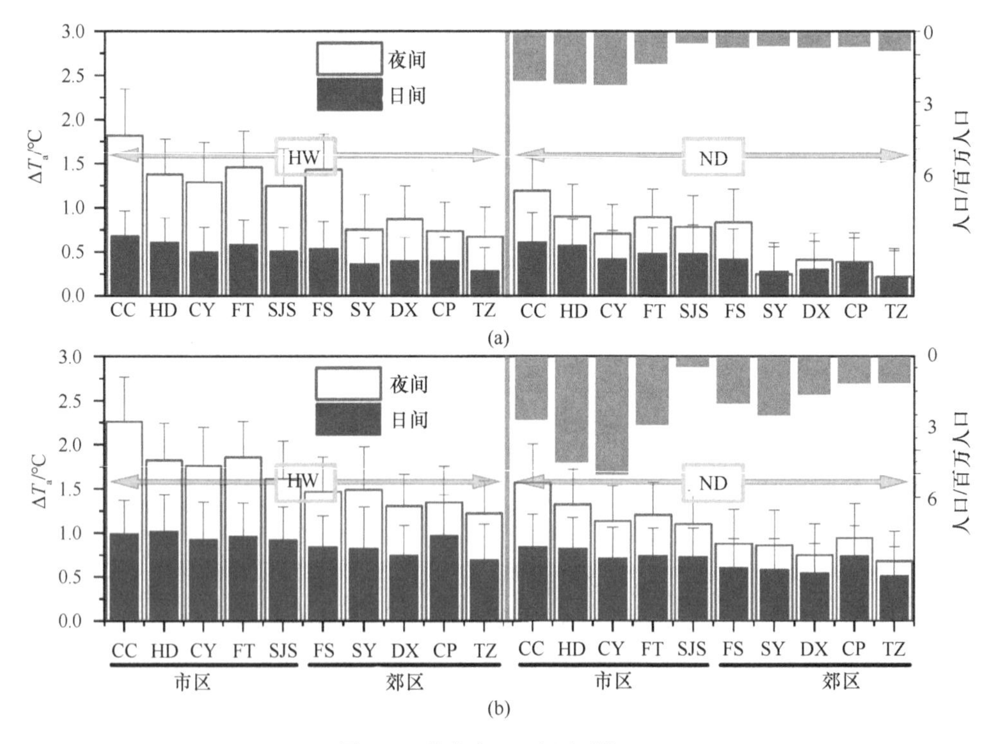

图 4-4 北京市 10 个区平均ΔT_a

（a）2000 年；（b）2010 年。左半部分代表热浪期间，右半部分代表非热浪期间。橙色为人口数量柱状图。误差线表示一个标准误。CC. 城市中心区——西城和东城；HD. 海淀；CY. 朝阳；FT. 丰台；SJS. 石景山；FS. 房山；SY. 顺义；DX. 大兴；CP. 昌平；TZ. 通州

（ND）增加到 0.99℃（HW）。其余受到强热岛效应影响的地区也包括朝阳、海淀和丰台，这 3 个地区同样是北京市人口最多的区域（都超过 300 万）。而郊区的热岛效应比较微弱，并且在 2000 年热浪期间没有受到明显影响。然而，城区和郊区之间热岛效应的差异在 HW 和 ND 时期都随着 2010 年强烈的城市扩张而逐渐减少。另外，夜间 UHI 相比日间在热浪期间得到更多的加强，这使得城市居民将因为夏季炎热的夜间面临更多的热环境风险。

4.2.2.2　热岛效应对背景气温的敏感性

在 2000 年和 2010 年城市情景中，ΔT 与背景气温 T 之间呈现显著的正相关性（$r \geqslant 0.270$，$p<0.01$，图 4-5）。这说明北京市热岛效应受到背景气温的影响。更为重要的是，敏感性因为城市扩张而显著增加。城区白天 T-ΔT_a 的 S 从 2000 年的 0.0207℃/℃增长到 2010 年的 0.0569℃/℃，而夜间则从 2000 年的 0.0715℃/℃增长到 2010 年的 0.0995℃/℃。这一现象说明城市扩张可能增加热岛效应对城市总体升温趋势的贡献，并给城市热环境带来更为严峻的挑战。相似地，T-ΔT_s 的敏感性也在 2000～2010 年有所增加，特别是日间，这一现象与 He 等（2019）的结论是一致的：T_s 和不透水地表的关系会随背景温度而变化。另外，使用 LRM 预测的 HW 和 ND 之间平均日间 ΔT 的差异是使用 WRF 模式的结果的 101%～108%（图 4-5）。然后，夜间的结果只有 44.3%～63.8%。这一现象可能归因于平均风速的差异：HW 相比 ND 有更高的风速，这会加强城市区域的地表热通量并对热岛

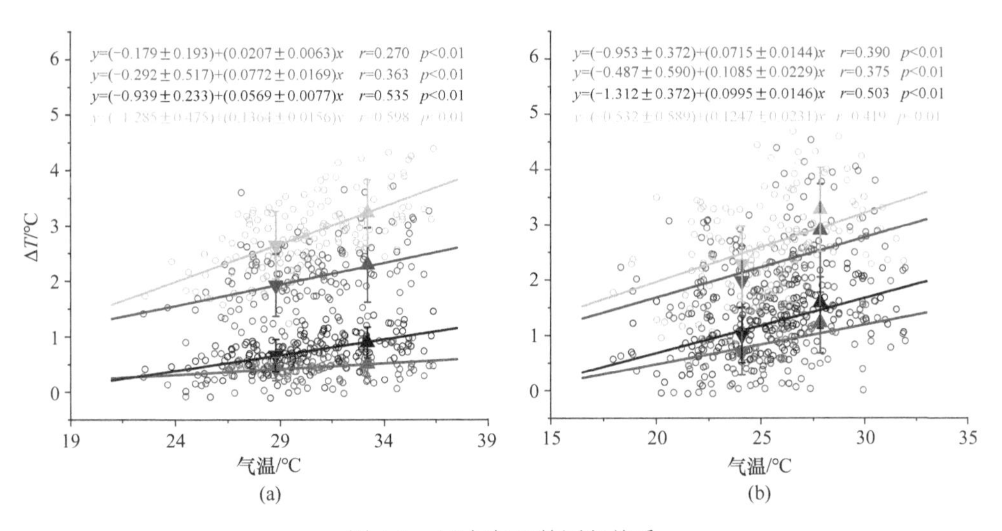

图 4-5　ΔT 与气温的回归关系

（a）日间；（b）夜间。拟合曲线的斜率即代表 T-ΔT 的敏感性。红色和黑色表示 2000 年和 2010 年的ΔT_a，而蓝色和绿色表示 2000 年和 2010 年的 ΔT_s。空心圆圈表示北京城市的平均值。实线为相应颜色的线性拟合曲线。公式括号内为拟合参数的 95%置信区间。上（下）三角表示基于 WRF 模拟的 HW（ND）期间的 ΔT 均值。误差线表示一个标准误

效应施加正反馈效应（Li and Bou-Zeid，2013）。另外一个原因可能是高温下累计热存储量的尾部效应，这会增加后续时间夜间的热释放和热岛效应。我们的结果预示热浪期间城市地区更高的热岛效应主要归因于 $T\text{-}\Delta T_a$ 和 $T\text{-}\Delta T_s$ 的正向敏感性。

在栅格尺度，2000 年情景下城区的日间 $T\text{-}\Delta T_a$ 敏感性十分微弱（0.018～0.034℃/℃），但在 2010 年增长到 0.037～0.075℃/℃。相比日间，夜间具有更高的敏感性，从 2000 年的 0.041～0.119℃/℃增长到 2010 年的 0.058～0.148℃/℃[Gao 等（2019）中图 6]。在夜间有着高敏感性地区的边界大体上与城市边界重合，这可能说明从城市地表释放到大气中的热量是夜间气温上升的主要因素。北京的城市中心区域在 2000 年已经基本完成城市化过程，但仍然因为周边区域的城市扩张而面临敏感性的增强。城市下风向的多数平原地区有着微弱的正敏感性，但也在“Urban_2010”中明显增强。对于地表温度而言，$T\text{-}\Delta T_s$ 敏感性的空间分布特征与人工地表十分相似，这说明城市扩张对于 $T\text{-}\Delta T_s$ 敏感性的影响要小于 $T\text{-}\Delta T_a$ 的影响。当前许多研究聚焦于使用基于卫星观测的遥感地表温度来调查精细尺度下的热岛效应，因为缺少高分辨率的气温观测数据。然而，由于热胁迫通常更与 T_a 相关，这些研究可能会低估城市扩张和热浪造成的夜间热环境风险。

4.2.2.3 城市扩张导致的 T–UHI 敏感性变化的归因分析

我们发现 5 种生物物理因素对 $T\text{-}\Delta T_s$ 敏感性变化的相对贡献在 2000 年和 2010 年有显著的不同。对于“Urban_2000”和“Urban_2010”两者来说，ΔLE 的贡献都是 $T\text{-}\Delta T_s$ 正敏感性最主要的贡献因素，即使该效应有一部分被 ΔH 的负贡献抵消（图 4-6）。这一发现说明城市与农村地区蒸散比例[LE/（LE+H）]对于背景温

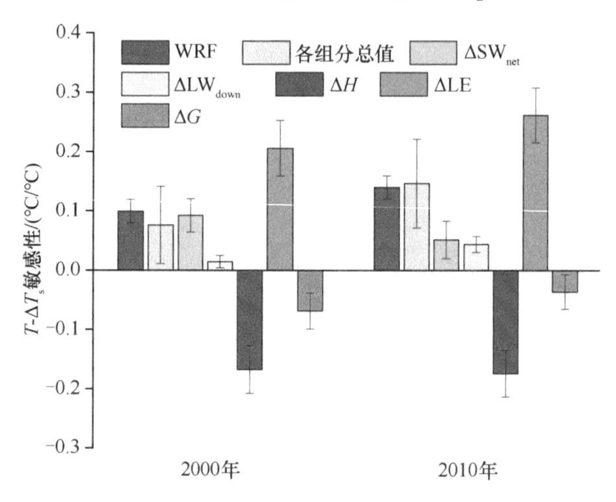

图 4-6 2000 年和 2010 年城市发展情景下影响 $T\text{-}\Delta T_s$ 敏感性变化的生物物理因素贡献度

红色代表 WRF 模拟的 $T\text{-}\Delta T_s$ 敏感性，绿色代表其余 5 种因素贡献之和的结果：净短波辐射（SW_{net}），向下长波辐射（LW_{down}），感热通量（H），潜热通量（LE）和地表热通量（G）

度上升响应的差异决定了 T-UHI 的关系类型。在农田，地表通常为植被所覆盖并且由于灌溉而保持水分充足，使得该地区有足够潜力通过增加蒸散发来应对环境气温的上升。因此，农田地表能量平衡趋于增加 LE 而不是 H 来应对热胁迫。与之相反，城市中大比例地区为人工地表覆盖，在热胁迫下趋向于降低蒸散比例（Bateni and Entekhabi，2012）。同时，城市扩张导致 LE 的降低幅度要远大于 H 的增加幅度。这导致了可利用地表能量差异的增加（ΔH+ΔLE），贡献了 0.038℃/℃（2000 年）和 0.088℃/℃（2010 年）的敏感度。这一变化是导致 T-ΔT_s 敏感性增加的最大来源（123.58%）。

ΔSW_{net} 贡献了 2000 年 0.092℃/℃和 2010 年 0.051℃/℃的 T-ΔT_s 敏感性增加（图 4-6），但是 ΔSW_{down} 和 T_a 呈现显著的负相关（$r \leqslant 0.116$，$p \geqslant 0.17$）。因为城市冠层通常具有较低的反照率，ΔSW_{net} 对于 ΔSW_{down} 高度敏感，因此 ΔSW_{net} 的贡献变化具有较低的可信度。ΔLW_{down} 贡献的敏感性变化很小，因为城市扩张或背景温度变化与 ΔLW_{down} 的关联度较低。最后的贡献因子是 ΔG 的变化，其在日间呈现负效应（地表储热），但在夜间呈现正效应（地表放热）。因为日间城市冠层增加的热吸附和储存，ΔG 的变化造成 T-ΔT_s 敏感性在 2000～2010 年的增加。需要注意的是，我们计算生物物理因子的贡献方法仍然无法解释日间和夜间敏感性变化的差异。然而，日间和夜间热岛效应的主导因素是不同的，ΔLE 主导了日间热岛效应而 ΔG 是夜间热岛效应的最大贡献源。因此，在 2000～2010 年白天 T-ΔT_s 敏感性增加要大于夜间。

4.3　小　　结

本章基于国家“十三五”规划纲要划定的 19 个城市群面板数据，分析了城市群地区 $PM_{2.5}$ 污染的时空演变格局和空间聚集性，运用空间面板杜宾模型厘定了不同城市群 $PM_{2.5}$ 的主控因素，剖析了其影响机理；应用 WRF 模型模拟了北京市夏季城市热岛效应，探索了城市扩张对热岛效应的影响，揭示了热岛效应对背景气温敏感性的影响因素。研究发现：①中国城市群 2000～2015 年 $PM_{2.5}$ 浓度整体呈现波动增长趋势，2007 年是京津冀、长江中游等 9 个城市群 $PM_{2.5}$ 浓度的拐点；$PM_{2.5}$ 浓度地区差异较大，整体上以胡焕庸线为界线，呈现由东部沿海向西部内陆地区递减的空间差异，且区域差异随时间不断扩大，东部、东北部城市群 $PM_{2.5}$ 浓度增长速度较快；工业化和能源消耗对各城市群 $PM_{2.5}$ 污染具有显著正向影响。②北京市城市热岛效应受到城市扩张的影响在 10 个城区都有明显的增强；热岛效应与背景气温之间显著的正相关性，这是导致热浪加强热岛效应的主要原因；热岛效应对气温的敏感性因北京市城市扩张而增强，这在夜间更为明显，这一敏感性的变化主要是地表可利用能量的差异导致的。

参 考 文 献

程中华, 刘军, 李廉水. 2019. 产业结构调整与技术进步对雾霾减排的影响效应研究. 中国软科学, (1): 146-154.

黄小刚, 赵景波, 曹军骥, 等. 2019. 中国城市 O_3 浓度时空变化特征及驱动因素. 环境科学, 40(3): 1120-1131.

姜磊, 周海峰, 柏玲. 2018. 外商直接投资对空气污染影响的空间异质性分析——以中国 150 个城市空气质量指数(AQI)为例. 地理科学, 38(3): 351-360.

刘海猛, 方创琳, 黄解军, 等. 2018. 京津冀城市群大气污染的时空特征与影响因素解析. 地理学报, 73(1): 177-191.

王振波, 梁龙武, 王旭静. 2019. 中国城市群地区 $PM_{2.5}$ 时空演变格局及其影响因素. 地理学报, 74(12): 2614-2630.

席强敏, 李国平. 2015. 京津冀生产性服务业空间分工特征及溢出效应. 地理学报, 70(12): 1926-1938.

徐超, 王云鹏, 黎丽莉. 2018. 中国 1998—2012 年 $PM_{2.5}$ 时空分布与能源消耗总量关系研究. 生态科学, 37(1): 108-120.

许和连, 邓玉萍. 2012. 外商直接投资导致了中国的环境污染吗?——基于中国省际面板数据的空间计量研究. 管理世界, (2): 30-43.

Bateni S M, Entekhabi D. 2012. Relative efficiency of land surface energy balance components. Water Resources Research, 48: W04510.

Chen F, Dudhia J. 2001. Coupling an advanced land surface-hydrology model with the Penn State-NCAR MM5 modeling system. Part I: Model implementation and sensitivity. Monthly Weather Review, 129: 569-585.

Cheng Y, Wang Z, Ye X, et al. 2014. Spatiotemporal dynamics of carbon intensity from energy consumption in China. Journal of Geographical Sciences, 24: 631-650.

Cui Y, Yan D, Hong T, et al. 2017. Temporal and spatial characteristics of the urban heat island in Beijing and the impact on building design and energy performance. Energy, 130: 286-297.

Dee D P, Uppala S M, Simmons A J, et al. 2011. The ERA-Interim reanalysis: Configuration and performance of the data assimilation system. Quarterly Journal of the Royal Meteorological Society, 137: 553-597.

Duveiller G, Hooker J, Cescatti A. 2018. The mark of vegetation change on Earth's surface energy balance. Nature Communications, 9: 679.

Elhorst J P. 2010. Applied spatial econometrics: Raising the bar. Spatial Economic Analysis, 5: 9-28.

Fang C, Wang Z, Xu G. 2016. Spatial-temporal characteristics of $PM_{2.5}$ in China. Journal of Geographical Sciences, 26: 1519-1532.

Gao Z, Hou Y, Chen W. 2019. Enhanced sensitivity of the urban heat island effect to summer temperatures induced by urban expansion. Environmental Research Lettres, 14: 094005.

He B, Zhao Z, Shen L, et al. 2019. An approach to examining performances of cool/hot sources in mitigating/enhancing land surface temperature under different temperature backgrounds based on Landsat 8 image. Sustainable Cities and Society, 44: 416-427.

Hu M, Jia L, Wang J, et al. 2013. Spatial and temporal characteristics of particulate matter in Beijing, China using the Empirical Mode Decomposition method. Science of the Total Environment,

458-460: 70-80.

Kusaka H, Kondo H, Kikegawa Y, et al. 2001. A simple single-layer urban canopy model for atmospheric models: Comparison with multi-layer and slab models. Boundary-Layer Meteorology, 101: 329-358.

Lee H J, Liu Y, Coull B A, et al. 2011. A novel calibration approach of MODIS AOD data to predict $PM_{2.5}$ concentrations. Atmospheric Chemistry and Physics, 11: 7991-8002.

Li D, Bou-Zeid E. 2013. Synergistic interactions between urban heat islands and heat waves: the impact in cities is larger than the sum of its part. Journal of Applied Meteorology & Climatology, 52: 2051-2064.

Meehl G A, Tebaldi C. 2004. More intense, more frequent, and longer lasting heat waves in the 21st century. Science, 305: 994-997.

Walter I W, Ugelow J. 1979. Environmental policies in developing countries. Ambio, 8: 102-109.

Yang L, Niyogi D, Tewari M, et al. 2016. Contrasting impacts of urban forms on the future thermal environment: example of Beijing metropolitan area. Environmental Research Letters, 11: 034018.

Yang P, Ren G, Yan P. 2017. Evidence for a strong association of short-duration intense rainfall with urbanization in the Beijing urban area. Journal of Climate, 30: 5851-5870.

5　城市化与区域生态环境协调发展机制

5.1　京津冀城市化与生态环境指标体系

5.1.1　研究区域概况及数据来源

本节的研究范围为京津冀城市群 13 个地级以上城市，分别为北京、天津两市和河北省石家庄、保定、沧州、承德、邯郸、衡水、廊坊、秦皇岛、唐山、邢台、张家口，总面积 21.72 万 km^2，2017 年，京津冀城市群以全国 2.3%的国土面积，承载了全国 8%的人口，贡献了全国 10%的经济生产总值。京津冀城市群城市化率从 2000 年的 38.99%增长至 2015 年的 62.72%，城市化进程显著提升。但随着人口与产业迅速集聚、城市社会经济规模持续提升，京津冀生态环境问题正在日益激化，是中国生态环境与城市化发展矛盾最为尖锐的地区（Wang and Fang，2016）。为此，本节对京津冀城市群复合系统协同效应及其影响因素进行研究。

城市化及生态环境数据分别来自于 2001～2016 年《北京市统计年鉴》《天津市统计年鉴》《河北省统计年鉴》《中国区域经济统计年鉴》《中国城市统计年鉴》《北京市水资源公报》《天津市水资源公报》《河北省水资源公报》《中国科技统计年鉴》和中国环境监测官方网站及《国民经济和社会发展统计公报》等。碳排放量数据参考《综合能耗计算通则》（GB/T 2589—2008）和《省级温室气体清单编制指南》（发改办气候[2011]1041 号）求解得到；能源消费弹性系数通过计算一定时期能源消费平均增长率与同期国内生产总值平均增长率或工农业生产总值平均增长率的比值得到。基于多年历史平均增长率或分段平均增长率，采用综合增长率估算法补充部分缺失的数据。

5.1.2　城市化与生态环境综合评价指标体系

5.1.2.1　基于 PESS 模型构建城市化指标体系

城市化作为地区发展水平的参考和表征，目前国内外已有大量文献进行深入分析。但由于城市化发展是一个复杂的动态过程，伴随着人口、产业、社会、空间、生态等多维因素的变迁（王洋等，2012），近年来学者倾向于构建科学和合理的指标综合度量地区的城市化发展状态（方建德等，2010；秦耀辰等，2003；袁晓玲等，2013；马艳梅等，2015；张春梅等，2012）。因此，本研究以人口–经济–

社会–空间（population-economic-sociology-space，PESS）模型作为衡量地区城市化的综合表征，将经济城市化、人口城市化、社会城市化和空间城市化 4 个子系 20 个评价指标（表 5-1）作为城市化发展的依据。其中，经济城市化是城市化发展的核心内容，经济发展是城市化发展的引擎；人口城市化是城市化发展的基础，人口向城市的集中是地区城市化发展的根本载体；社会城市化体现文明的扩散及人们生活水平的高低，更丰富了城市化的内涵；空间城市化是城市化的重要内容，土地利用结构的变化及交通设施的发展水平能比较直观地反映城市化建设发展水平（杨振等，2017）。其中，人均公路里程是公路里程数除以地区总人口，交通线网密度是公路里程数除以地区总面积，公路里程数为等级公路（高速、一级和二级公路）和等外公路的总路程数。本节将对京津冀城市化与生态环境协同发展态势进行研究。

表 5-1　城市化评价指标体系及指标权重

系统	子系统	具体指标	单位	属性	主观权重	客观权重	综合权重
城市化综合指数	人口城市化	城市化率	%	正	0.573	0.320	0.443
		建成区人口密度	万人/km^2	正	0.225	0.314	0.276
		第二产业人口比重	%	正	0.090	0.145	0.118
		第三产业人口比重	%	正	0.112	0.221	0.163
	经济城市化	人均 GDP（不变价）	元	正	0.453	0.169	0.366
		第二、三产业占 GDP 比重	%	正	0.153	0.058	0.125
		人均社会固定资产投资	元/人	正	0.061	0.191	0.143
		人均工业总产值	元/人	正	0.037	0.198	0.113
		人均财政收入	元/人	正	0.037	0.362	0.153
		GDP 增长率	%	正	0.259	0.022	0.101
	社会城市化	人均社会消费品零售总额	元/人	正	0.026	0.229	0.088
		城市居民人均可支配收入	元/人	正	0.433	0.160	0.299
		每万人卫生机构床位数	张/万人	正	0.064	0.090	0.086
		每万人拥有医生数量	个/万人	正	0.264	0.126	0.207
		每万人互联网上网人数	人/万人	正	0.155	0.194	0.197
		每万人在校大学生数	人/万人	正	0.058	0.200	0.122
	空间城市化	城市建设用地占市域面积比重	%	正	0.497	0.332	0.437
		人均公路里程	km/万人	正	0.085	0.351	0.186
		交通线网密度	km/km^2	正	0.290	0.135	0.213
		人均城市建设用地面积	km^2/万人	正	0.128	0.182	0.164

5.1.2.2　基于 PSR 模型构建生态环境指标体系

生态环境压力-状态-响应（pressure-state-response，PSR）模型最早被用于分析生态环境压力、现状和响应之间的关系。目前该模型常用于生态环境评价中，被众多政府和组织认为是最有效的一个框架（张家其等，2014），在科学评价中相对系统（仝川，2000）。在 PSR 模型中，生态环境压力表示人类活动或自然因素给生态安全带来的负荷，即生态胁迫；生态环境状态表示研究区域生态安全状态，即环境质量、自然资源与生态系统的现状；生态环境效应表示人类面临生态安全问题时所采取的对策，即生态可持续发展能力（谢余初等，2015）。根据评价地区的地域性，衡量方法的系统性、实用性及数据的可获得性等原则，结合研究区的实际特征，确定采用 PSR 模型构建城市群生态安全评价指标体系，共包括 3 个子系统的 21 个评价指标（表 5-2）。其中生态风险指数表征各地区国土空间综合生态风险的大小，参考汪翡翠等（2018）所采用的方法进行提取计算。

表 5-2　生态环境评价指标体系及指标权重

系统	子系统	具体指标	单位	属性	主观权重	客观权重	综合权重
生态环境综合指数	生态环境压力	人均综合用水量	$m^3/(人\cdot a)$	负	0.030	0.154	0.072
		人均能耗	kg 标准煤	负	0.052	0.084	0.070
		人均碳排放	$\mu g/m^3$	负	0.396	0.338	0.388
		区域开发指数	—	负	0.020	0.107	0.049
		能源消费弹性系数	—	负	0.087	0.054	0.072
		生态风险指数	—	负	0.261	0.181	0.230
		人口自然增长率	%	负	0.154	0.081	0.118
	生态环境状态	森林覆盖率	%	正	0.329	0.249	0.300
		人均水资源拥有量	m^3/人	正	0.109	0.132	0.126
		每万人生态用地面积	km/万人	正	0.254	0.460	0.358
		建成区绿化覆盖率	%	正	0.152	0.031	0.072
		人均工业二氧化硫排放量	t/万人	负	0.073	0.033	0.051
		人均工业废水排放量	t/人	负	0.027	0.026	0.028
		人均工业固体废物排放量	t/人	负	0.016	0.026	0.022
		$PM_{2.5}$ 浓度	万 t/人	负	0.040	0.044	0.044
	生态环境响应	生活垃圾无害化处理率	%	正	0.084	0.023	0.066
		污水处理厂集中处理率	%	正	0.244	0.024	0.116
		工业废弃物综合利用率	%	正	0.157	0.389	0.373
		人均研发投入	元/人	正	0.028	0.314	0.142
		专利授权量	个/万人	正	0.043	0.227	0.149
		万元 GDP 能耗	t 标准煤	负	0.444	0.023	0.153

注："—"表示无单位

5.1.3　城市化与生态环境指标赋权方法

通过层次分析法和熵值法（entropy method）确定城市化与生态环境指标体

系各指标的综合权重。

基于标准化方法对指标进行无量纲化处理。在综合评价分析中，评价指标的目的和含义的差异导致各指标具有不同的量纲和数量级，通常采用标准化处理方法消除不同量纲和数量级对评价指标的影响，以此降低随机因素的干扰。

基于层次分析法计算指标主观权重。层次分析法（analytic hierarchy process，AHP）是将与决策有关的元素分解成系统、子系统、指标等层次，以进行定性和定量分析的决策方法（宋建波和武春友，2010）。本节采用 1～9 标度方法，依据中国科学院、北京大学、清华大学、北京师范大学等科研单位 40 位本领域专家的主观赋权意见来构造判断矩阵，再对矩阵进行一致性检验。若检验通过，则权重分配合理；否则，需要重新构造判断矩阵计算权重。同理，计算出准则层权重。

基于熵值法计算指标客观权重。熵值法是一种基于数据离散程度计算指标权重的客观赋权方法，相对客观、全面，无须检验结果（Li et al.，2012）。通常，熵值越大，系统结构越均衡，差异系数越小，指标的权重就越小；反之则指标的权重越大。

基于最小信息熵原理优化综合权重。通过 AHP 层次分析法和熵值法分别计算模型指标的主客观权重 w_{1i} 和 w_{2i}。其中，层次分析法比较主观，容易受到评价过程中的随机性和评价专家主观上的不确定性及认识上的模糊性影响；熵值法相对客观，但损失的信息有时会较多，且有时受离散值影响较大。为了优化主、客观权重，利用最小信息熵原理对主、客观权重进行综合，缩小主客观权重的偏差。

$$w_i = \frac{\left(w_{1i} \times w_{2i}\right)^{1/2}}{\sum_{i=1}^{n}\left(w_{1i} \times w_{2i}\right)^{1/2}} \tag{5.1}$$

5.2 京津冀城市化与生态环境时空演变格局

5.2.1 系统指数评估模型

运用线性加权方法计算城市化各子系统和生态系统各子系统及城市化系统和生态环境系统综合评价值，计算公式为

$$f(x) = \sum_{i=1}^{n} w_i \times x_i, g(y) = \sum_{j=1}^{m} w_j \times y_j \tag{5.2}$$

$$F(x) = \sum_{i=1}^{n} W_i \times f(x), G(y) = \sum_{j=1}^{m} W_j \times g(y) \tag{5.3}$$

式中，$f(x)$ 和 $g(y)$ 分别为城市化和生态环境子系统综合评价值；$F(x)$ 和 $G(y)$ 分

别为城市化与生态环境系统综合评价值；x_i 和 y_j 分别为城市化与生态环境评价指标标准化数值；w_i 和 w_j 分别为城市化与生态环境评价指标综合权重；W_i 和 W_j 分别为城市化与生态环境子系统权重，本节认为子系统具有同等的重要性，为此采用均等权重。

5.2.2 京津冀城市化与生态环境系统指数时序变化趋势

采用熵值法和层次分析法对指标权重进行主客观综合赋权，根据公式（5.2）和公式（5.3）计算出城市化与生态环境系统指数评价值。为了分析其时序变化趋势，分地区作出城市化与生态环境系统指数的变化趋势图（图 5-1）。

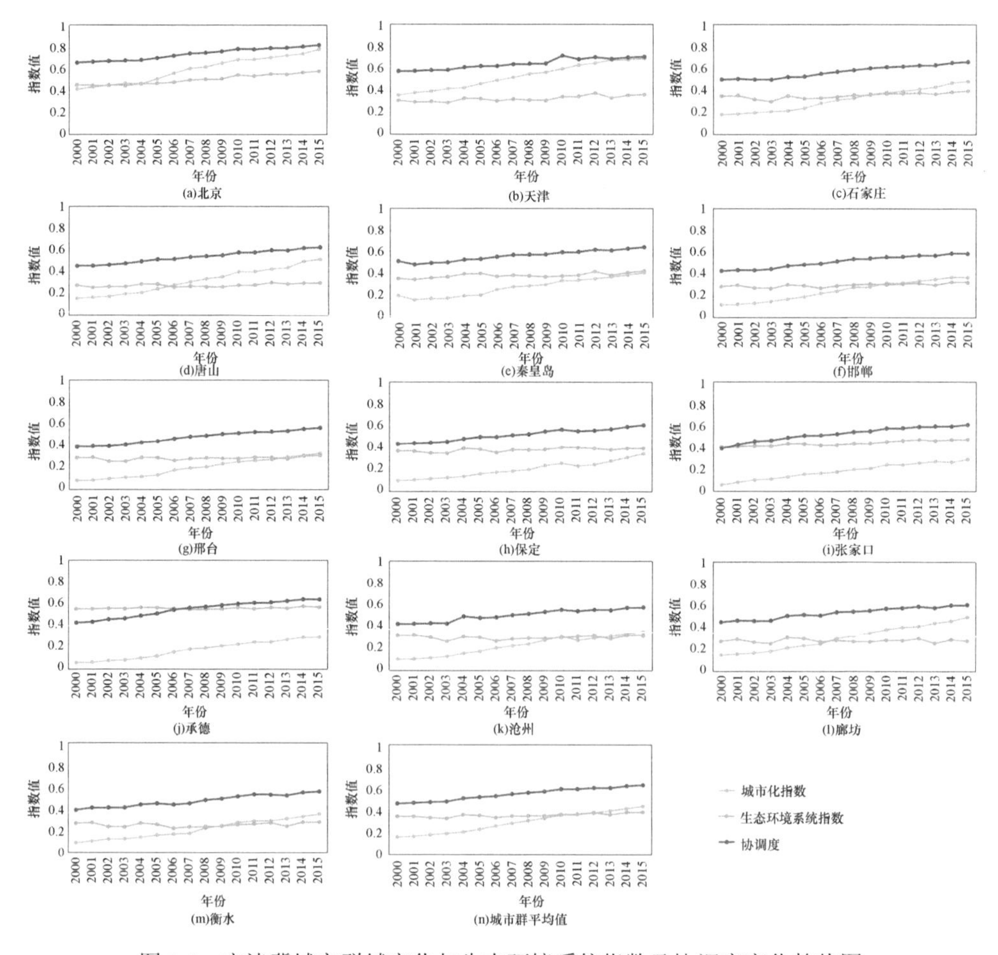

图 5-1 京津冀城市群城市化与生态环境系统指数及协调度变化趋势图

从中可以看出：

（1）京津冀城市群城市化系统指数呈现出快速上升、线性增长的趋势。对比均值可知，京津两市城市化水平为第一梯队城市，远高于其他地市，直辖市优势显著；石家庄、唐山为第二梯队城市，较高于均值，石家庄作为省会城市，具有较高的首位度，唐山作为京津唐工业基地中心城市，具有明显的资源优势；廊坊、秦皇岛为第三梯队城市，部分年份高于均值，廊坊城市化发展实现了“弯道超车”，2010 年以后基本位居城市群前四，在京津一体化的辐射作用下将有更大的提升空间；其他城市为第四梯队城市，发展潜力有待进一步挖掘。

（2）京津冀城市群生态环境系统指数具有增长缓慢、波动变化的特征。承德、北京生态环境水平为第一梯队城市，远高于均值，北京作为国家首都，环境保护意识较强，环境规制力度较高，承德位居城市群北部，是首都地区天然的绿色生态屏障和环境保护支撑区；张家口、秦皇岛、保定、石家庄生态环境水平为第二梯队城市，前三者均较高于均值，石家庄部分年限高于均值，张家口是城市群的生态涵养区和重要的水源地，秦皇岛是城市群生态标兵城市，其坚持“生态立市”，以“青山绿水”为“金山银山”，保定和石家庄积极进行产业升级优化改革，寻求绿色可持续的创新型城市化发展道路；其他城市为第三梯队城市。

5.2.3　京津冀城市化与生态环境水平时空演变格局

本节选取 2000 年、2008 年和 2015 年京津冀城市化与生态环境系统水平进行空间可视化分析，以此分析京津冀城市化与生态环境水平时空格局演变过程。为了体现不同时间尺度下城市化与生态环境系统评价值的标准性和可比性，依据倍数关系将当年城市化系统和生态环境系统评价值的均值的 0.5 倍、1.0 倍、1.5 倍作为划分标准。城市化水平类型区分别为高城市化区（>1.5 倍）、偏高城市化区（1.0～1.5 倍）、中城市化区（0.5～1.0 倍）、低城市化区（<0.5 倍）4 种类型；生态环境水平类型区分别为优生态环境区（>1.5 倍）、偏优生态环境区（1.0～1.5 倍）、中生态环境区（0.5～1.0 倍）、劣生态环境区（<0.5 倍）4 种类型，如表 5-3 所示。从表中可以看出以下几个方面。

表 5-3　2000～2015 年京津冀城市化与生态环境系统水平演变

城市	城市化水平			生态环境系统水平		
	2000 年	2008 年	2015 年	2000 年	2008 年	2015 年
北京	高	高	高	偏优	偏优	优
天津	高	高	高	中	中	中
保定	中	中	中	偏优	偏优	偏优
唐山	偏高	偏高	偏高	中	中	中

续表

城市	城市化水平			生态环境系统水平		
	2000 年	2008 年	2015 年	2000 年	2008 年	2015 年
廊坊	中	偏高	偏高	中	中	中
石家庄	偏高	偏高	偏高	中	偏优	偏优
秦皇岛	偏高	中	中	偏优	偏优	偏优
张家口	低	中	中	偏优	偏优	偏优
承德	低	中	中	优	优	偏优
沧州	中	中	中	中	中	中
衡水	中	中	中	中	中	中
邢台	中	中	中	中	中	中
邯郸	中	中	中	中	中	中

（1）高城市化区的空间格局保持不变，偏高城市化区和中城市化区空间格局相对稳定，低城市化区基本不存在。北京、天津 2000～2015 年城市化水平均为高城市化类型，集聚了京津冀城市群的优质市场资源、技术人才及金融资本等，为京津冀城市群“两级”，具有强大的吸虹效应。张家口和承德城市化水平由低城市化提升为中城市化类型，这两个地市是京津冀城市群的生态屏障，是守卫首都的“绿色长城”，城市化要素集聚能力较弱，城市化进程较落后于其他城市。廊坊城市化水平由中城市化提升为偏高城市化类型，作为衔接京津两核的中间地区，廊坊前期城市化发展受制于京津两市的“强磁力”效应，即潜在发展动力不足，后期得益于京津两市的城市“边缘区”效应，即相对其他地市具有“先发优势”。秦皇岛城市化水平由偏高城市化下降为中城市化类型，作为京津冀城市群的生态标兵城市，其坚持“生态立市”，以“青山绿水”为“金山银山”，积极创建生态、康养、绿色、创新型和高科技产业，这也限制了其城市化发展。同时，地理区位条件等的劣势也阻滞了其融入城市群，即秦皇岛未能充分享受到京津冀协同发展“群效应”中的红利。石家庄、唐山 2000～2015 年城市化水平均为偏高城市化类型，石家庄为省会城市，具有较高的城市首位度，政策优势明显，能够有效吸纳河北城市化发展资源；唐山是我国钢铁生产重地，工业化发展远远超前于其他地市，这为唐山赢得了丰富的城市化发展要素。保定等其他 5 个地市 2000～2015 年城市化水平均为中城市化类型，需要强化发展优势，充分利用本地区资源，寻求绿色可持续的创新型城市化发展道路。

（2）优生态环境区、偏优生态环境区和中生态环境区空间格局相对稳定，劣城市化区不存在。整体上，京津冀生态环境水平分布格局较为稳定，集中于偏优生态环境和中生态环境类型，这说明京津冀各地市生态环境保护意识较强，对环境违法行为坚持“零容忍”，相对其他城市群，环境规制力度较高。张家口、承德、秦皇岛和保定 2000～2015 年生态环境水平均为偏优型以上，形成巨大的“伞状”型绿色生态屏障，是京津冀城市群天然的生态涵养区、环境保护支撑区和重要的水源地。北京生态环境水平由偏优型提升为优型，作为我国首都——北京承载着巨大的生态环境压力，但是政府生态环境保护力度也是空前的，研发投入和科技成果都是巨大的。近年来北京以国家生态文明建设作为顶层设计方案，严守生态保护红线，按照首都城市战略定位切实加强生态环境水平检测与管理监督。石家庄生态环境水平由中型提升为偏优型，其由早期的“高耗能、高污染、高排放、低效率”产业发展模式转型升级为“绿色、开放、融合、创新和高质量”的现代化产业发展模式。唐山等其他 7 个地市是京津冀城市群工业发展核心区，生态系统风险病理程度较高、大气污染较为严重、工业废弃物排放量较高、科技研发投入较低等在不同程度上降低了生态环境水平。

5.3　京津冀城市化与生态环境系统发展模式分类

采用熵值法和层次分析法对指标权重进行主客观综合赋权，根据公式（5.2）计算出城市化与生态环境子系统指数评价值，根据公式（5.3）计算出城市化与生态环境系统指数评价值。基于子系统与系统评价值，本节划分京津冀城市化与生态环境系统不同发展模式，以及分析其时空演变格局。

5.3.1　京津冀城市化与生态环境水平时空演变格局

为了探讨不同地市发展模式的时序差异，本节对京津冀 2000～2015 年 13 个地市城市化与生态环境发展模式进行分类总结。为了体现不同时间和空间尺度下城市化与生态环境系统评价值的差异性和多样性，采用均值比较方法，即分别计算 2000～2015 年京津冀地级以上城市人口、经济、社会、空间城市化子系统和生态环境压力、状态、响应子系统的均值 $\overline{f}_i$ 和 $\overline{g}_y$，再将各地市城市化和生态环境子系统数值 $f(x)$ 和 $g(y)$ 分别与 $\overline{f}_i$ 和 $\overline{g}_y$ 比较，最后按照表 5-4 中的原则划分不同发展模式。

表 5-4　城市化与生态环境发展模式划分原则

<table>
<tr><td rowspan="2">城市化系统</td><td>模式类别</td><td>强城市化</td><td>较强城市化</td><td>中级城市化</td><td>一般城市化</td><td>弱城市化</td></tr>
<tr><td>高于均值的子系统个数</td><td>4</td><td>3</td><td>2</td><td>1</td><td>0</td></tr>
<tr><td rowspan="2">生态环境系统</td><td>模式类别</td><td>强生态
环境保护</td><td>较强生态
环境保护</td><td>一般生态
环境保护</td><td>弱生态
环境保护</td><td>—</td></tr>
<tr><td>高于均值的子系统个数</td><td>3</td><td>2</td><td>1</td><td>0</td><td>—</td></tr>
</table>

5.3.2 京津冀城市化与生态环境系统模式分析

基于表 5-4 中不同发展模式的划分原则，本节统计出京津冀 2000～2015 年 13 个地市城市化与生态环境不同发展模式的次数及城市群总计和平均次数，详见表 5-5 和表 5-6，从表中可以看出以下几个方面。

表 5-5 京津冀城市化与生态环境发展模式地市分类

城市	强城市化	较强城市化	中级城市化	一般城市化	弱城市化	强生态环境保护	较强生态环境保护	一般生态环境保护	弱生态环境保护
北京	15	1	0	0	0	12	4	0	0
天津	12	3	0	1	0	0	1	14	1
石家庄	7	2	1	6	0	0	0	13	3
唐山	8	1	2	0	5	0	0	6	10
秦皇岛	1	5	3	2	5	1	15	0	0
邯郸	4	2	1	1	8	0	0	11	5
邢台	0	3	0	3	10	0	0	7	9
保定	0	1	1	2	12	7	5	4	0
张家口	0	0	2	3	11	6	10	0	0
承德	0	1	3	2	10	2	14	0	0
沧州	0	3	2	2	9	0	0	11	5
廊坊	7	1	0	3	5	0	0	12	4
衡水	1	1	2	4	8	0	0	9	7
总计次数	55	24	17	29	83	28	49	87	44
平均次数	4.23	1.85	1.31	2.23	6.38	2.15	3.77	6.69	3.38

表 5-6 京津冀城市化与生态环境发展模式年份分类

年份	强城市化	较强城市化	中级城市化	一般城市化	弱城市化	强生态环境保护	较强生态环境保护	一般生态环境保护	弱生态环境保护
2000	0	1	0	2	10	0	4	7	2
2001	1	1	0	0	11	0	4	7	2
2002	1	1	0	0	11	0	4	3	6
2003	2	0	0	0	11	0	5	0	8
2004	1	1	0	0	11	1	4	5	3
2005	2	0	1	1	9	2	4	2	5
2006	2	0	2	2	7	1	3	4	5
2007	2	2	1	1	7	3	2	3	5
2008	3	2	1	2	5	1	4	5	3
2009	5	0	2	2	4	1	4	5	3
2010	5	2	0	6	0	3	2	6	2

续表

年份	强城市化	较强城市化	中级城市化	一般城市化	弱城市化	强生态环境保护	较强生态环境保护	一般生态环境保护	弱生态环境保护
2011	5	2	1	3	2	3	2	8	0
2012	6	1	3	2	1	3	2	8	0
2013	6	3	3	1	0	2	3	8	0
2014	6	4	2	1	0	4	1	8	0
2015	8	4	1	0	0	4	1	8	0
总计次数	49	20	17	22	89	24	49	79	44
平均次数	3.06	1.25	1.06	1.38	5.56	1.50	3.06	4.94	2.75

北京、天津、唐山、石家庄、廊坊是京津冀城市化发展的第一梯队城市，城市化发展较强，均优于其他地市。京津人口、经济、社会、空间“四位一体”全面式城市化发展道路是其他城市新型城市化的模范区；唐山人口和经济城市化优于社会和空间城市化，钢铁产业拉动经济迅速提升；石家庄经济城市化较弱于其他城市化，具有明显的“木桶效应”；廊坊空间城市化较优于其他城市化，衔接京津两市，交通建设受益于京津“同城化”规划。邯郸、秦皇岛、衡水、沧州是京津冀城市化发展的第二梯队城市，中级及以下城市化总年份占比超过 60%。邯郸人口城市化与社会城市化具有“一高一低”显著差异，经济和空间城市化居中，工业资源的优势加速人口城市化；秦皇岛空间和社会城市化显著优于人口城市化，经济城市化居中，旅游资源促进社会的发展；衡水空间城市化显著高于人口和经济城市化，位于京津冀十字交叉处，枢纽优势促进交通发展；沧州经济城市化显著高于社会和空间城市化，其空间城市化一直低于均值。邢台、保定、张家口、承德是京津冀城市化发展的第三梯队城市，弱城市化占比 62.5%以上。邢台空间城市化显著优于经济城市化；保定空间城市化弱于其他城市化；张家口社会城市化较优于其他城市化；承德经济和社会城市化较优于人口和空间城市化。

北京、保定、张家口、承德和秦皇岛是京津冀生态环境保护的第一梯队城市，均为较强生态环境保护及以上。北京生态环境压力、状态、响应均相对较优，尤其是响应的优势更为显著；保定生态环境状态和响应逐渐变好，但是压力具有增长趋势；张家口和承德生态环境压力和状态均较好，响应也逐步提升；秦皇岛生态环境状态保持良好，响应和压力均具有增长趋势。天津、石家庄、廊坊、邯郸、沧州是京津冀生态环境保护的第二梯队城市，一般生态环境保护期数占比超过 68%。天津、石家庄生态环境状态较差，压力和响应均有所提升；廊坊、邯郸和沧州生态环境压力和状态均弱于响应，具有“一俊遮百丑”效应。邢台、衡水、唐山是京津冀生态环境保护的第三梯队城市，生态环境压力和状态均劣势显著，随着生态文明建设政策的推行，响应力度在“十二五”期间显著提升。

京津冀 2000～2015 年城市化进程可分为两个阶段，分别为缓慢发展阶段

（2000～2007 年）和稳步提升阶段（2008～2015 年）。在缓慢发展阶段，弱城市化城市数量较高于均值，京津石和唐山等城市化发展较强，其他地市城市化较弱，主要是人才、资本等内生动力不足，政策、科技等外部条件缺乏。在稳步提升阶段，强和较强城市化城市数量较高于均值，张家口、保定、承德、邢台、沧州、衡水相对滞后，其余地市均保持在较强城市化及以上。随着京津冀“同城化”“一体化”等城市群协同发展体系的建立，国家在城市建设中投入的资源越来越多，政策红利提升，要素集聚效应显著，同时京津城铁等交通网络的完善也激发了城市发展潜力。

京津冀 2000～2015 年生态环境保护可分为两个阶段，分别是生态保护攻坚期（2000～2010 年）和生态文明建设期（2011～2015 年）。在生态保护攻坚期，弱生态环境保护城市数量基本高于均值，政府和企业快速发展经济的同时生态保护投入较低，值得注意的是，2002 年弱生态环境保护城市出现断崖式增长，唐山、石家庄、邯郸、邢台、衡水等地市在经济建设的过程中忽视了生态保护，这表明京津冀经济的发展是以牺牲环境为代价的。在生态文明建设期，强生态环境保护城市较高于均值，各地市生态环境保护强度显著提升，且不存在弱生态环境保护城市。“十二五”尤其是党的十八大以来，中央政府高度重视生态文明，以其作为中国特色社会主义“五位一体”建设中的重要一环，环境治理等成为各级政府政绩的重要考核指标，这说明环保等政策的实行、政府的重视及环保规划的顶层设计等非常有益于生态环境保护。

5.4 京津冀城市化与生态环境系统协同发展时空演变格局

5.4.1 城市化与生态环境耦合协调度模型

城市化与生态环境存在复杂的交互耦合胁迫机制，表现为城市化对生态环境的胁迫作用和生态环境对城市化的约束作用两个方面。采用经典范式研究城市化与生态环境协同发展效应，并分析其演化趋势，划分协同发展类型。

5.4.1.1 城市化与生态环境的耦合度模型

耦合度是一个物理学概念，是指两个（或两个以上的）系统通过受自身和外界的各种相互作用而彼此影响的现象。由于系统之间的耦合关系存在相似性，耦合现在被广泛地应用到研究城市化与生态环境交互胁迫关系之中，其表达式为

$$C=\left[\frac{F(x)\times G(y)}{\left(\frac{F(x)+G(y)}{2}\right)^2}\right]^{1/k} \tag{5.4}$$

式中，C 为城市化与生态环境系统的耦合度，且 $0 \leqslant C \leqslant 1$；$F(x)$ 为城市化系统综合评价值；$G(y)$ 为生态环境系统综合评价值；k 为调节系数，且 $k \geqslant 2$，常取 $k=2$。

5.4.1.2　城市化与生态环境协调度模型

在判断两个系统之间的协调发展程度时，为了兼顾考虑系统指数值水平，本节构建协调度模型。其计算公式如下：

$$\begin{gathered} T = \alpha \times F(x) + \beta \times G(y) \\ D = \sqrt{C \times T} \end{gathered} \tag{5.5}$$

式中，D 为协调度；T 为城市化与生态环境系统综合发展指数；α、β 为待定权重，分别为城市化和生态环境的贡献份额。考虑到城市化发展与生态环境保护同等重要，所以取 $\alpha = \beta = 0.5$。

5.4.1.3　城市化与生态环境协同效应类型划分

根据协调度 D 及城市化系统 $F(x)$ 和生态环境系统 $G(y)$ 的大小，将城市化与生态环境的协同效应类型分为三大类 5 个亚类 15 个系统类型（Li et al.，2012），如表 5-7 所示。

表 5-7　城市化与生态环境协同发展类型划分

综合类别	协调度水平	亚类别	系统指数值对比	子类别	类型
协调发展	$0.8 < D \leqslant 1$	高级协调	$G(y)-F(x)>0.1$	城市化滞后	Ⅴ1
			$\lvert G(y)-F(x)\rvert \leqslant 0.1$	系统均衡发展	Ⅴ2
			$G(y)-F(x)<-0.1$	生态环境滞后	Ⅴ3
转型发展	$0.6 < D \leqslant 0.8$	中度协调	$G(y)-F(x)>0.1$	城市化滞后	Ⅳ1
			$\lvert G(y)-F(x)\rvert \leqslant 0.1$	系统均衡发展	Ⅳ2
			$G(y)-F(x)<-0.1$	生态环境滞后	Ⅳ3
	$0.4 < D \leqslant 0.6$	濒临失调	$G(y)-F(x)>0.1$	城市化滞后	Ⅲ1
			$\lvert G(y)-F(x)\rvert \leqslant 0.1$	系统均衡发展	Ⅲ2
			$G(y)-F(x)<-0.1$	生态环境滞后	Ⅲ3
不协调发展	$0.2 < D \leqslant 0.4$	中度失调	$G(y)-F(x)>0.1$	城市化滞后	Ⅱ1
			$\lvert G(y)-F(x)\rvert \leqslant 0.1$	系统均衡发展	Ⅱ2
			$G(y)-F(x)<-0.1$	生态环境滞后	Ⅱ3
	$0 < D \leqslant 0.2$	严重失调	$G(y)-F(x)>0.1$	城市化滞后	Ⅰ1
			$\lvert G(y)-F(x)\rvert \leqslant 0.1$	系统均衡发展	Ⅰ2
			$G(y)-F(x)<-0.1$	生态环境滞后	Ⅰ3

5.4.2 城市化与生态环境协调度空间格局分析

根据公式（5.4）和公式（5.5）分别计算出京津冀城市群城市化与生态环境的耦合度和协调度，再依据表 5-7 中原则将城市化与生态环境协调度划分为不同等级及归纳协调发展模式。本节选取 2000 年、2008 年和 2015 年京津冀城市化与生态环境系统协调度进行模式归纳，以此分析京津冀城市化与生态环境系统协调度及其发展模式的时空变化规律。

京津冀各地市城市化与生态环境系统协调度整体呈现稳步上升趋势，处于良性发展状态，濒临失调和中度协调为主要类型（表 5-8）。2000 年和 2008 年，濒临失调为城市化与生态环境系统协调度主要类型，分别有 9 个和 11 个城市为濒临失调，其中 2000 年仅有北京（0.656）为中度协调，2008 年也只有京（0.745）津（0.639）两市为中度协调，这表明这段时期京津冀城市群城市化发展与生态环境保护较为不协调，即在发展经济的同时忽略了生态环境的保护。2015 年，中度协调为城市化与生态环境系统协调度的主要类型，共有 8 个城市为中度协调，其中北京（0.818）为高级协调，符合习近平总书记 2014 年所提出的“建设国际一流的和谐宜居之都”的战略目标；仍然有邯郸（0.588）、沧州（0.577）、邢台（0.564）和衡水（0.556）为濒临失调，这四市近年来城市化发展加速，经济建设成效显著，但是同时也牺牲了生态环境，尤其是邯郸和邢台的大气污染较为严重。

表 5-8 2000～2015 年京津冀城市群城市化与生态环境系统协调度演变

城市	2000 年	2008 年	2015 年
北京	中度协调	中度协调	高级协调
天津	濒临失调	中度协调	中度协调
保定	濒临失调	濒临失调	中度协调
唐山	濒临失调	濒临失调	中度协调
廊坊	濒临失调	濒临失调	中度协调
石家庄	濒临失调	濒临失调	中度协调
秦皇岛	濒临失调	濒临失调	中度协调
张家口	中度失调	濒临失调	中度协调
承德	濒临失调	濒临失调	中度协调
沧州	濒临失调	濒临失调	濒临失调
衡水	中度失调	濒临失调	濒临失调
邢台	中度失调	濒临失调	濒临失调
邯郸	濒临失调	濒临失调	濒临失调

5.4.3 京津冀城市化与生态环境协同发展格局类型分析

根据表 5-4 中原则，本节将 2000～2015 年城市化与生态环境系统发展模式划分为不同类型，详见表 5-9。为了分析城市化与生态环境协同发展格局类型的时序差异，本节选取 2000 年、2008 年和 2015 年城市化与生态环境系统发展模式类型进行详细分析。

表 5-9 京津冀城市群城市化与生态环境耦合结果

城市	2000 年	2001 年	2002 年	2003 年	2004 年	2005 年	2006 年	2007 年	2008 年	2009 年	2010 年	2011 年	2012 年	2013 年	2014 年	2015 年
北京	IV-2	IV2	IV-2	IV-2	IV-2	IV-2	IV-3	IV-3	IV-3	IV-3	IV-3	IV-3	IV-3	IV-3	V-3	V-3
天津	III-2	III-3	III-3	III-3	IV-3	IV-3	IV-3	IV-3	IV-3	IV-3	IV-3	IV-3	IV-3	IV-3	IV-3	IV-3
石家庄	III-1	III-1	III-1	III-1	III-2	III-2	III-2	III-2	III-2	IV-2	IV-2	IV-3	IV-3	IV-3	IV-3	IV-3
秦皇岛	III-1	III-1	III-1	III-1	III-1	III-1	III-1	III-2	III-2	III-2	III-2	IV-2	IV-2	IV-2	IV-2	IV-2
承德	III-1	III-1	III-1	III-1	III-1	III-1	III-1	III-1	III-1	III-1	III-1	IV-1	IV-1	IV-1	IV-1	IV-1
唐山	III-1	III-1	III-2	III-2	III-2	III-2	III-2	III-2	III-3	III-3	III-3	III-3	III-3	III-3	IV-3	IV-3
廊坊	III-1	III-1	III-1	III-1	III-1	III-2	III-2	III-2	III-2	III-2	III-2	III-2	III-3	III-3	IV-3	IV-3
邯郸	III-1	III-1	III-1	III-1	III-1	III-2	III-2	III-2	III-2	III-2	III-2	III-2	III-2	III-2	III-2	III-2
沧州	III-1	III-1	III-1	III-1	III-1	III-1	III-1	III-1	III-1	III-2	III-2	III-2	III-2	III-2	III-2	III-2
保定	III-1	III-1	III-1	III-1	III-1	III-1	III-1	III-1	III-1	III-1	III-1	III-1	III-1	III-2	III-2	IV-2
张家口	II-1	III-1	III-1	III-1	III-1	III-1	III-1	III-1	III-1	III-1	III-1	III-1	III-1	III-1	III-1	IV-1
衡水	II-1	III-1	III-1	III-1	III-2	III-2	III-2	III-2	III-2	III-2	III-2	III-2	III-2	III-2	III-2	III-2
邢台	II-1	II-1	II-1	III-1	III-1	III-1	III-1	III-1	III-1	III-2	III-2	III-2	III-2	III-2	III-2	III-2

（1）京津冀城市群城市化与生态环境协同效应类型逐渐由城市化滞后演变为生态环境滞后，生态环境质量的提升已经迫在眉睫。京津冀城市群 2000 年有 11 个城市为城市化滞后，2 个城市为系统均衡发展，城市化滞后为主要类型，城市化对生态环境胁迫效应显著；2008 年有 6 个城市为城市化滞后，6 个城市为均衡发展，1 个城市为生态环境滞后，城市化滞后与均衡发展为主要类型；2015 年有 2 个城市为城市化滞后，6 个城市为均衡发展，5 个城市为生态环境滞后，均衡发展与生态环境滞后为主要类型，生态环境对城市化约束效应较为显著。这说明近年来京津冀城市群城市化进程不断加快，而生态环境的发展相对滞后，快速的城市化进程造成资源环境承载力严重超载等一系列生态环境问题，各级政府在增长“金山银山”的同时也要保住祖国的“绿水青山”。

（2）京津冀城市群各地市城市化与生态环境协同效应类型存在不同的变化趋势，城市的集群发展效应显著。京津两市城市化与生态环境系统基本为中度协调以上水平，子类别变化趋势为均衡发展→生态环境滞后，这说明京津两市生态环境质量的提升落后于经济社会的迅猛发展，其中天津落后程度更大。作为直辖市，京津城市发展实力雄厚，内生性较强，虽然近年来国家陆续出台了一系列环境治理相关的政策和文件，两地生态环境质量有所提升，但是由于其城市人口比重大，问题相对突出，加之该区域气候条件的影响，整体上生态环境质量仍然无法与城市化形成均衡发展态势。石家庄、唐山、廊坊城市化与生态环境系统由濒临失调向中度协调转变，子类别变化趋势为城市化滞后→均衡发展→生态环境滞后。石家庄是河北省会，政策红利明显，具有较高的城市首位度，发展优势显著；唐山素有中国“钢铁大市”之称，在新常态下，其迅速推进钢铁产业转型升级；廊坊位居京津发展轴中心，受益于京津流通性服务业、基础设施建设业等的辐射作用，整体上石家庄、唐山、廊坊三市重视经济社会发展的同时忽视了生态环境质量的提升，以致生态环境滞后于城市化发展。张家口、承德城市化与生态环境系统基本为濒临失调以上水平，子类别均为城市化滞后。张家口、承德两市是京津冀地区的水资源涵养地，对首都形成“伞形”生态环境保护支撑屏障，生态环境良好，且有着大量的自然资源，故这两座城市的生态环境发展水平较高，城市化发展相对滞后。秦皇岛、邯郸、邢台、保定、沧州、衡水城市化与生态环境系统基本为濒临失调以上水平，子类别变化趋势为城市化滞后→均衡发展。这 6 市的城市化发展相对缓慢，整体开发程度较低，生态环境维持较好，亟须在保护好现有生态环境的基础上，加快推进新型城市化建设。

5.5 京津冀城市化与生态环境复合系统协调度的主导因素

5.5.1 不同时间尺度复合系统协调度主导因素差异分析

根据城市化子系统与均值的比较划分城市化发展阶段，定义 4 个子系统高于均值的为强城市化，3 个子系统高于均值的为较强城市化，统计 2000～2015 年强和较强城市化的城市数量，基于此，定义 2000～2006 年为平缓城市化发展阶段，2007～2011 年为中速城市化发展阶段，2012～2015 年为高速城市化发展阶段。在不同发展阶段中，城市化水平、人均社会消费品零售总额、第三产业人口比重均为复合系统协调度主导因素前五位之中（图 5-2），这与京津冀城市化水平提升显著、居民消费水平普遍较高以及金融、高科技等服务业发展水平较高等因素有关。

京津冀城市化平缓发展阶段（2000～2006 年）城市化与生态环境复合系统协调度的主导因素前五位分别为城市化水平，第三产业人口比重，第二、三产业占 GDP 比重，人均社会消费品零售总额，每万人卫生机构床位数，均通过 0.05 的显著性水平检验，前两者极大影响复合系统协调度，其他要素很大地影响复合系统协调度。2000～2006 年京津冀城市群 GDP 增长近 2 倍，城市化水平由 38.99%增

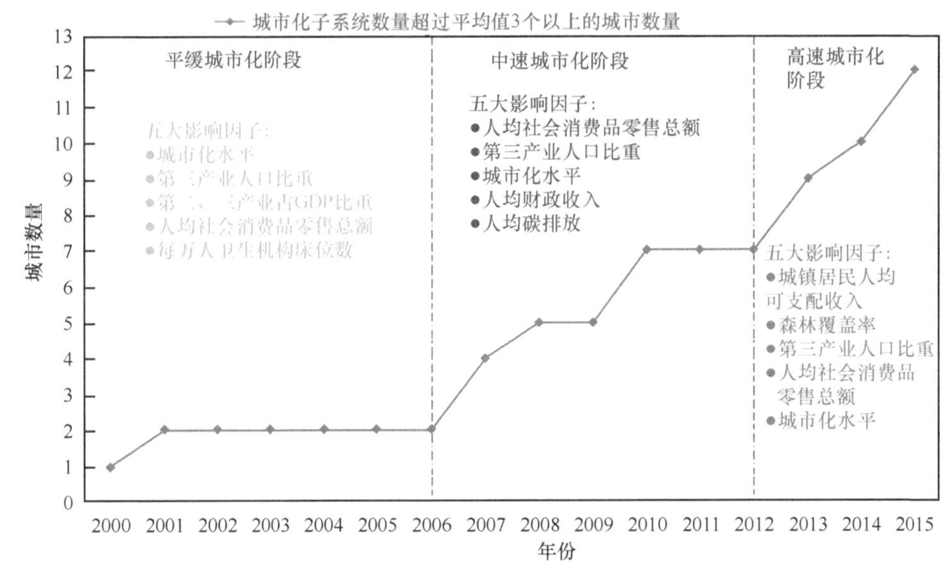

图 5-2 不同发展阶段复合系统协调度主导因素总结

长至 51.19%，综合城市化的发展对复合系统协调度影响显著。京津冀城市化中速发展阶段（2007～2011 年）复合系统协调度的主导因素前五位分别为人均社会消费品零售总额、第三产业人口比重、城市化水平、人均财政收入、人均碳排放，均通过 0.05 的显著性水平检验，第一个要素极大影响复合系统协调度，其他要素很大地影响复合系统协调度。金融危机爆发以来，我国政府斥资 4 万亿元人民币拉动内需，增加国内消费，促进服务业的快速发展。京津冀城市化高速发展阶段（2012～2015 年）复合系统协调度的主导因素前五位分别为城镇居民人均可支配收入、森林覆盖率、第三产业人口比重、人均社会消费品零售总额、城市化水平，均通过 0.05 的显著性水平检验，前两者极大影响复合系统协调度，其他要素很大地影响复合系统协调度（表 5-10，前面的"极大影响""很大地影响"等根据表 5-10 中的 q 值及排序判断）。国家"十二五"规划要求"加快建设资源节约型、环境友好型社会，提高生态文明水平"，政府越来越重视人民福祉的提升和生态环境的保护。

5.5.2 不同空间尺度复合系统协调度主导因素差异分析

城市群、省（自治区、直辖市）、地级市三个不同空间尺度城市化与生态环境复合系统协调度主导因素排序有所不同，人均 GDP、城镇居民人均可支配收入均位列前五位之中（图 5-3），这与京津冀经济发展较好及居民工资收入较高、增速较快等因素有关。京津两市虹吸效应显著，外溢效应不明显，侧重技术型产业及服务业的发展；河北是保卫京津的屏障，承接了京津地区的淘汰产业，以"两高一低"型产业促进经济的提升，但在一定程度上对生态环境造成了不利影响。

表 5-10 京津冀城市群城市化与生态环境系统协调度主导因素探测

因素	京津冀城市群												北京-天津-河北			河北省 11 地市		
	2000～2015 年			2000～2006 年			2007～2011 年			2012～2015 年			2000～2015 年			2000～2015 年		
	q 值	p 值	q 排序	q 值	p 值	q 排序	q 值	p 值	q 排序	q 值	p 值	q 排序	q 值	p 值	q 排序	q 值	p 值	q 排序
城市化水平	0.851	0.00	1	0.861	0.00	1	0.780	0.00	3	0.720	0	5	0.708	0.02	9	0.813	0.00	1
第三产业人口比重	0.714	0.00	4	0.812	0.00	2	0.787	0.03	2	0.794	0	3	0.897	0.00	2	0.363	0.67	12
人均 GDP	0.733	0.00	3	0.696	0.22	6	0.599	0.45	10	0.694	0	7	0.792	0.01	3	0.718	0.04	4
第二、三产业占 GDP 比重	0.656	0.00	7	0.791	0.00	3	0.671	0.00	7	0.677	0.63	8	0.758	0.00	5	0.352	1.00	13
人均社会固定资产投资	0.603	0.00	10	0.546	0.00	13	0.394	1.00	13	0.588	0	11	0.610	0.71	14	0.732	0.00	2
人均工业总产值	0.621	0.00	9	0.599	0.71	8	0.393	1.00	14	0.135	0.77	20	0.660	0.02	11	0.606	0.97	9
人均财政收入	0.592	0.18	11	0.516	0.92	15	0.772	0.04	4	0.369	0.98	15	0.716	0.38	8	0.236	1.00	18
人均社会消费品零售总额	0.807	0.00	2	0.738	0.02	4	0.821	0.07	1	0.786	0.03	4	0.900	0.00	1	0.676	0.00	6
城镇居民人均可支配收入	0.694	0.00	5	0.563	0.25	11	0.669	1.00	8	0.835	0.07	1	0.777	0.04	4	0.727	0.00	3
每万人卫生机构床位数	0.635	0.00	8	0.706	0.01	5	0.363	1.00	15	0.393	0.58	14	0.648	0.00	13	0.634	0.49	8
每万人拥有医生数量	0.528	0.04	13	0.597	0.38	9	0.681	0.77	6	0.708	0.74	6	0.583	0.68	16	0.272	1.00	16
每万人互联网上网人数	0.694	0.00	6	0.597	0.96	10	0.582	0.00	11	0.608	0.49	10	0.683	0.00	10	0.656	0.00	7
每万人在校大学生数	0.544	0.00	12	0.677	0.00	7	0.547	0.76	12	0.269	1.00	19	0.462	0.11	19	0.340	1.00	14
交通线网密度	0.460	0.00	15	0.547	0.11	12	0.225	1.00	18	0.645	0.1	9	0.742	0.01	6	0.396	0.69	11
人均综合用水量	0.286	0.00	20	0.164	1.00	20	0.343	0.04	16	0.343	0.02	16	0.652	0.01	12	0.091	1.00	20
森林覆盖率	0.391	0.05	16	0.284	0.88	16	0.636	0.10	9	0.801	0.01	2	0.725	0.00	7	0.209	1.00	19
建成区绿化覆盖率	0.295	0.35	19	0.215	0.70	18	0.160	1.00	19	0.424	1.00	13	0.503	0.42	18	0.536	0.05	10
人均碳排放	0.476	0.00	14	0.544	0.09	14	0.706	0.00	5	0.295	0.89	17	0.505	0.00	17	0.272	0.92	15
污水处理厂集中处理率	0.313	0.03	18	0.199	1.00	19	0.029	1.00	20	0.275	1.00	18	0.589	0.40	15	0.699	0.00	5
万元 GDP 能耗	0.349	0.00	17	0.241	0.56	17	0.245	0.98	17	0.547	0.59	12	0.065	1.00	20	0.248	0.28	17

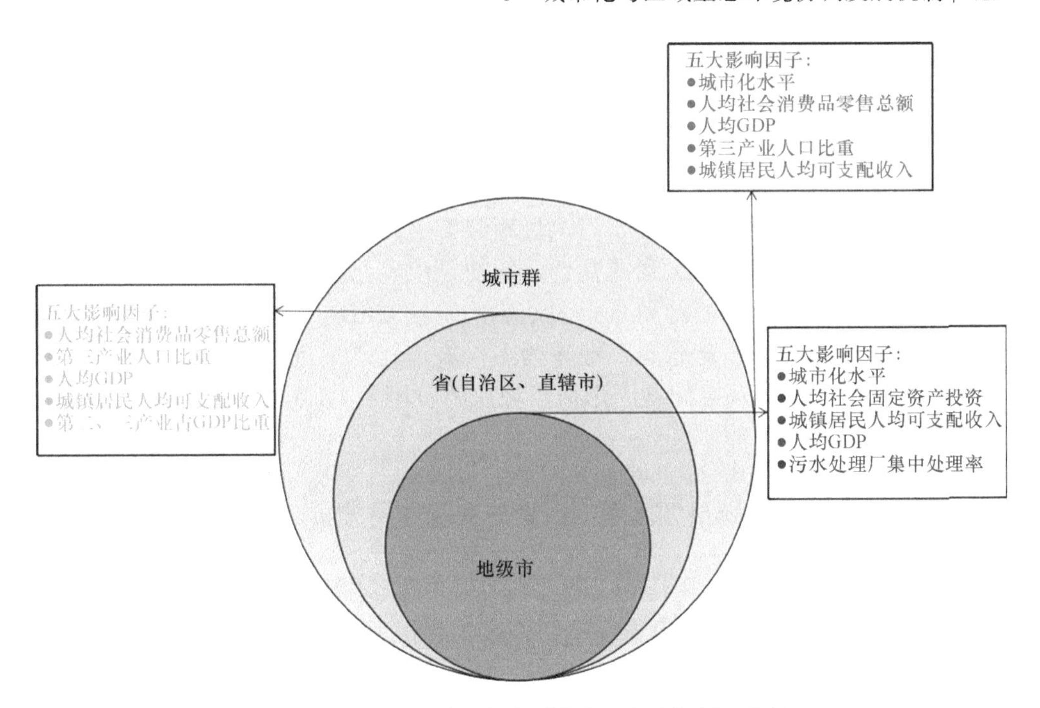

图 5-3 不同尺度单元复合系统协调度主导因素总结

城市群复合系统协调度的主导因素前五位分别为城市化水平、人均社会消费品零售总额、人均 GDP、第三产业人口比重、城镇居民人均可支配收入，影响系数均高于 0.6，且均通过 0.05 的显著性水平检验。前两者极其影响复合系统协调度，京津冀城市化显著高于全国平均水平，仅次于珠三角和长三角，但两极分化严重，河北城市化低于全国平均水平；人均社会消费品零售总额是京津冀经济增长的重要助力，河北增速较快，天津增速较缓。人均 GDP、第三产业人口比重非常影响复合系统协调度，GDP 直接影响城市化质量与社会进步，河北和天津 GDP 长期位居全国中等水平，尤其是天津近年来 GDP 增速全国滞后；京津冀第三产业人口比重从 2000 年的 28.88%增长至 2015 年的 45.67%，从业人员数量的上升为第三产业的蓬勃发展注入了新活力。城镇居民人均可支配收入较大影响复合系统协调度，京津冀城镇居民人均可支配收入长期位居全国前列，体现城镇居民消费能力，即人民福祉（表 5-10）。

省（自治区、直辖市）复合系统协调度的主导因素前五位分别为人均社会消费品零售总额，第三产业人口比重，人均 GDP，城镇居民人均可支配收入，第二、三产业占 GDP 比重，均通过 0.05 的显著性水平检验（表 5-10）。前两者极大影响复合系统协调度，其他要素很大地影响复合系统协调度。京津是城市群的两大极核，虹吸效应显著，凭借政策和金融等优势集聚大量人才、产业和资金等，社会消费水平、第三产业、GDP 及居民收入等远高于河北。河北 11 个地市复合系统协调度的主导因素前五位分别为城市化水平、人均社会固定资产投资、城镇居民人均可支配收入、人均 GDP、污水处理厂集中处理率，均通过 0.05 的显著性水平检验。城市化水平极大影响复合系统协调度，污水处理厂集中处理率较大影响复合系统协调度，其他要素很大地影响复合系统协调度。河北主要以低端产业、重工业及基础设施建设产业等为主，城市化水平远低于京津；受京津虹吸效应的影响，河北环京津地区形成了环京津贫困带，“高消耗、高污染、低效益”型产业数量众多。

5.5.3 城市群复合系统协调度影响因素的交互作用分析

双要素之间的交互作用均高于单要素对城市化与生态环境复合系统协调度的影响程度，这说明各要素对复合系统协调度均存在正向影响，共同作用较强。城市化水平与人均碳排放对复合系统协调度的综合影响最高，这说明这两者对复合系统协调度的交互作用最强，城市化水平通过影响城市化质量显著影响复合系统协调度，CO_2 等温室气体的排放与工业发展及人民生活都紧密相关，显著影响复合系统协调度（表 5-11）。交通线网密度与森林覆盖率为独立相互作用，说明这两者对复合系统协调度的影响具有相对独立性。交通线网密度分别与人均综合用水量，人均综合用水量分别与森林覆盖率、建成区绿化覆盖率、污水处理厂集中处理率、万元 GDP 能耗，森林覆盖率分别与建成区绿化覆盖率、污水处理厂集中处理率、万元 GDP 能耗，以及人均碳排放与污水处理厂集中处理率均为非线性增强相互作用，交互作用更为明显，其余要素之间均为双因子增强相互作用，交互作用不明显。

城市化与生态环境子系统对复合系统协调度的影响程度大小排序为人口城市化子系统>经济城市化子系统>社会城市化子系统>其他子系统。人口城市化要素之间的交互作用明显高于其他子系统，表明人口城市化对复合系统协调度的影响较为显著，这与我国新型城市化以人为本、强调人与自然和谐共生的宗旨相符。空间城市化子系统要素与生态环境压力、生态环境状态子系统的部分要素的交互作用效益更明显，这说明空间城市化与生态环境存在较强的相关性，城市国土空间扩张要充分考虑生态环境效益，追求土地资源的优化利用。

表 5-11 京津冀城市群 2000～2015 年城市化与生态环境复合系统协调度影响因素的交互作用结果

	城市化水平	第三产业人口比重	人均GDP	第二、三产业占GDP比重	人均社会固定资产投资	人均工业总产值	人均财政收入	人均社会消费品零售总额	城镇居民人均可支配收入	每万人卫生机构床位数	每万人拥有医生数量	每万人互联网上网人数	每万人在校大学生数	交通线网密度	人均综合用水量	森林覆盖率	建成区绿化覆盖率	人均碳排放	污水处理厂集中处理率	万元GDP能耗
城市化水平	0.85																			
第三产业人口比重	0.92	0.71																		
人均 GDP	0.90	0.90	0.73																	
第二、三产业占 GDP 比重	0.88	0.79	0.87	0.66																
人均社会固定资产投资	0.92	0.91	0.83	0.90	0.60															
人均工业总产值	0.90	0.87	0.83	0.85	0.71	0.62														
人均财政收入	0.89	0.79	0.84	0.77	0.82	0.82	0.59													
人均社会消费品零售总额	0.92	0.90	0.86	0.90	0.87	0.86	0.85	0.81												
城镇居民人均可支配收入	0.91	0.90	0.81	0.88	0.77	0.77	0.82	0.86	0.69											
每万人卫生机构床位数	0.92	0.88	0.83	0.88	0.82	0.85	0.83	0.88	0.84	0.63										
每万人拥有医生数量	0.91	0.80	0.88	0.82	0.90	0.86	0.75	0.87	0.88	0.79	0.53									
每万人互联网上网人数	0.93	0.89	0.85	0.87	0.84	0.82	0.82	0.85	0.81	0.82	0.81	0.69								
每万人在校大学生数	0.90	0.79	0.88	0.77	0.84	0.84	0.76	0.89	0.89	0.84	0.80	0.86	0.54							
交通线网密度	0.90	0.83	0.82	0.79	0.75	0.76	0.77	0.86	0.80	0.77	0.75	0.80	0.79	0.46						
人均综合用水量	0.90	0.81	0.82	0.75	0.74	0.81	0.63	0.87	0.79	0.81	0.77	0.81	0.80	0.77	0.29					
森林覆盖率	0.94	0.80	0.90	0.85	0.85	0.92	0.69	0.90	0.84	0.81	0.71	0.78	0.79	0.85	0.70	0.39				
建成区绿化覆盖率	0.92	0.83	0.83	0.84	0.67	0.70	0.77	0.86	0.75	0.77	0.77	0.76	0.74	0.63	0.65	0.72	0.30			
人均碳排放	0.95	0.85	0.91	0.85	0.88	0.88	0.73	0.90	0.88	0.81	0.77	0.80	0.77	0.89	0.76	0.65	0.68	0.48		
污水处理厂集中处理率	0.89	0.89	0.85	0.86	0.73	0.76	0.78	0.88	0.82	0.79	0.79	0.79	0.76	0.68	0.67	0.75	0.49	0.84	0.31	
万元 GDP 能耗	0.93	0.80	0.88	0.79	0.72	0.76	0.69	0.87	0.77	0.84	0.74	0.73	0.73	0.74	0.85	0.77	0.63	0.81	0.61	0.35

5.6 小　　结

本章构建了京津冀城市化与生态环境评价指标体系，计算了城市化与生态环境系统指数，分析了城市与生态环境系统的各自的时空演变格局和发展模式；构建了城市化与生态环境耦合度模型，阐明了两者协同发展的时空格局，揭示了城市化与生态环境复合系统协调度的主导因素。结果表明：①2000～2015 年京津冀城市群城市化系统指数呈现出快速上升、线性增长的趋势，生态环境系统指数具有增长缓慢、波动变化的特征；高城市化区域的空间格局保持不变，偏高城市化区域和中城市化区域空间格局相对稳定，低城市化区域基本不存在。优生态环境区、偏优生态环境区和中生态环境区空间格局相对稳定，劣城市化区不存在。②北京、天津、唐山、石家庄、廊坊是京津冀城市化发展的第一梯队城市，城市化发展较强，均优于其他地市；北京、保定、张家口、承德和秦皇岛是京津冀生态环境保护的第一梯队城市，均为较强生态环境保护及以上。③京津冀各地市城市化与生态环境系统协调度整体呈现稳步上升趋势，处于良性发展状态，濒临失调和中度协调为主要类型；该区域城市化与生态环境协同效应类型逐渐由城市化滞后演变为生态环境滞后。④京津冀城市化平缓发展阶段（2000～2006 年）城市化与生态环境复合系统协调度的主导因素前五位分别为城市化水平，第三产业人口比重，第二、三产业占 GDP 比重，人均社会消费品零售总额，每万人卫生机构床位数；城市群、省（自治区、直辖市）、地级市 3 个不同空间尺度城市化与生态环境复合系统协调度主导因素排序有所不同；双要素之间的交互作用均高于单要素对京津冀城市化与生态环境复合系统协调度的影响程度。

参 考 文 献

方建德, 杨扬, 熊丽. 2010. 国内外城市可持续发展指标体系比较. 环境科学与管理, 35(8): 132-136.

马艳梅, 吴玉鸣, 吴柏钧. 2015. 长三角地区城镇化可持续发展综合评价——基于熵值法和象限图法. 经济地理, 35(6): 47-53.

秦耀辰, 张二勋, 刘道芳. 2003. 城市可持续发展的系统评价——以开封市为例. 系统工程理论与实践, 23(6): 1-8, 35.

宋建波, 武春友. 2010. 城市化与生态环境协调发展评价研究——以长江三角洲城市群为例. 中国软科学, (2): 78-87.

仝川. 2000. 环境指标研究进展与分析. 环境科学研究, 13(4): 53-55.

汪翡翠, 汪东川, 张利辉, 等. 2018. 京津冀城市群土地利用生态风险的时空变化分析. 生态学报, 38(12): 4307-4316.

王洋, 方创琳, 王振波. 2012. 中国县域城镇化水平的综合评价及类型区划分. 地理研究, 31(7):

1305-1316.
谢余初, 巩杰, 张玲玲. 2015. 基于 PSR 模型的白龙江流域景观生态安全时空变化. 地理科学, 35(6): 790-797.
杨振, 雷军, 英成龙, 等. 2017. 新疆县域城镇化的综合测度及空间分异格局分析. 干旱区地理, 40(1): 230-237.
袁晓玲, 梁鹏, 曹敏杰. 2013. 基于可持续发展的陕西省城镇化发展质量测度. 城市发展研究, 20(2): 52-56, 86.
张春梅, 张小林, 吴启焰, 等. 2012. 发达地区城镇化质量的测度及其提升对策——以江苏省为例. 经济地理, 32(7): 50-55.
张家其, 吴宜进, 葛咏, 等. 2014. 基于灰色关联模型的贫困地区生态安全综合评价——以恩施贫困地区为例. 地理研究, 33(8): 1457-1466.
Li Y, Li Y, Zhou Y, et al. 2012. Investigation of a coupling model of coordination between urbanization and the environment. Journal of Environmental Management, 98: 127-133.
Wang Z, Fang C. 2016. Spatial-temporal characteristics and determinants of $PM_{2.5}$ in the Bohai Rim Urban Agglomeration. Chemosphere, 148: 148-162.